Mohamed Azzedine Idder

Lutte biologique en palmeraies

AF185574

Mohamed Azzedine Idder

Lutte biologique en palmeraies

Cas de la cochenille blanche, de la pyrale des dattes et du boufaroua

Presses Académiques Francophones

Impressum / Mentions légales

Bibliografische Information der Deutschen Nationalbibliothek: Die Deutsche Nationalbibliothek verzeichnet diese Publikation in der Deutschen Nationalbibliografie; detaillierte bibliografische Daten sind im Internet über http://dnb.d-nb.de abrufbar.

Alle in diesem Buch genannten Marken und Produktnamen unterliegen warenzeichen-, marken- oder patentrechtlichem Schutz bzw. sind Warenzeichen oder eingetragene Warenzeichen der jeweiligen Inhaber. Die Wiedergabe von Marken, Produktnamen, Gebrauchsnamen, Handelsnamen, Warenbezeichnungen u.s.w. in diesem Werk berechtigt auch ohne besondere Kennzeichnung nicht zu der Annahme, dass solche Namen im Sinne der Warenzeichen- und Markenschutzgesetzgebung als frei zu betrachten wären und daher von jedermann benutzt werden dürften.

Information bibliographique publiée par la Deutsche Nationalbibliothek: La Deutsche Nationalbibliothek inscrit cette publication à la Deutsche Nationalbibliografie; des données bibliographiques détaillées sont disponibles sur internet à l'adresse http://dnb.d-nb.de.

Toutes marques et noms de produits mentionnés dans ce livre demeurent sous la protection des marques, des marques déposées et des brevets, et sont des marques ou des marques déposées de leurs détenteurs respectifs. L'utilisation des marques, noms de produits, noms communs, noms commerciaux, descriptions de produits, etc, même sans qu'ils soient mentionnés de façon particulière dans ce livre ne signifie en aucune façon que ces noms peuvent être utilisés sans restriction à l'égard de la législation pour la protection des marques et des marques déposées et pourraient donc être utilisés par quiconque.

Coverbild / Photo de couverture: www.ingimage.com

Verlag / Editeur:
Presses Académiques Francophones
ist ein Imprint der / est une marque déposée de
AV Akademikerverlag GmbH & Co. KG
Heinrich-Böcking-Str. 6-8, 66121 Saarbrücken, Deutschland / Allemagne
Email: info@presses-academiques.com

Herstellung: siehe letzte Seite /
Impression: voir la dernière page
ISBN: 978-3-8381-7766-3

Copyright / Droit d'auteur © 2013 AV Akademikerverlag GmbH & Co. KG
Alle Rechte vorbehalten. / Tous droits réservés. Saarbrücken 2013

Lutte biologique en palmeraies algériennes

Mohamed Azzedine IDDER

TABLES DES MATIERES

Introduction 8

Première partie : Etude bibliographique

Chapitre 1. La région d'étude

1.1. Situation géographique.. 12
1.2. Climat de la région... 14
1.2.1. Températures.. 14
1.2.2. Pluviosité.. 15
1.2.3. Humidité relative... 15
1.2.4. Evaporation.. 16
1.2.5. Rayonnement solaire et durée d'insolation..................... 16
1.2.6. Vents... 16
1.3. Synthèse climatique.. 17
1.3.1. Diagramme ombrothermique de BAGNOULS et GAUSSEN 18
1.3.2. Climagramme d'EMBERGER................................... 19
1.4. Relief... 19
1.5. Sols... 20
1.6. Hydrologie... 21

Chapitre 2. Le palmier dattier (*Phœnix dactylifera* L.) et la palmeraie

2.1. Le palmier dattier... 22
2.1.1. Historique.. 22
2.1.2. Répartition géographique... 22
2.1.3. Taxinomie... 23
2.1.4. Morphologie.. 23
2.4.1.1. Système racinaire... 23
2.4.1.2. Système végétatif aérien....................................... 24
2.4.1.3. Organes floraux.. 24
2.4.1.4. Fruit ou datte.. 24
2.1.5. Ecologie du palmier dattier...................................... 26
2.1.6. Exigences climatiques... 26
2.1.7.. Exigences hydriques... 27
2.1.8. Exigences pédologiques... 27
2.1.9. Conduite du palmier dattier...................................... 28
2.1. 9.1.Pollinisation.. 28
2.1.9.2. Eclaircissage... 28
2.1.9.3. Inclination et fixation des régimes............................ 29

2.1.9.4. Ensachage... 29
2.1.9.5. Taille ou élagage des palmes............................. 29
2.2. La palmeraie.. 29
2.2.1. Architecture de la palmeraie.......................... 29
2.2.2. Structure de la palmeraie............................... 30
2.2.3. Biodiversité variétale..................................... 31
2.2.4. Faune et flore des palmeraies.......................... 32
2.2.4.1. Faune... 32
2.2.4.2. Flore.. 33
2.2.5. Importance socio-économique......................... 34
2.2.6. Importance écologique................................... 35
2.2.7. Facteurs de dégradation des palmeraies............ 35

Chapitre 3. Etude des principaux ravageurs dans la région d'Ouargla

3.1. La Cochenille blanche du palmier dattier : *Parlatoria blanchardi* Targ.. 36
3.1.1. Position systématique..................................... 36
3.1.2. Cycle biologique.. 36
3.1.3. Nombre de générations................................... 38
3.1.4. Dégâts... 38
3.1.5. Moyens de lutte.. 40
3.1.5.1. Moyens culturaux et physiques....................... 40
3.1.5.2. Lutte chimique... 41
3.1.5.3. Lutte biologique... 41
3.2. La Pyrale des dattes *Ectomyeloïs ceratoniae* (Zeller) (Lepidoptera, Pyralidae)... 42
3.2.1. Position systématique..................................... 42
3.2.2. Cycle biologique.. 42
3.2.3. Nombre de générations................................... 44
3.2.4. Dégâts... 44
3.2.5. Moyens de lutte.. 44
3.2.5.1. Lutte chimique... 45
3.2.5.2. Lutte biologique... 45
3.2.5.3. Lutte physique... 46
3.2.5.4. Contrôle cultural.. 46
3.2.5.5. Lutte intégrée.. 47
3.3. Le Boufaroua : *Oligonychus afrasiaticus*............... 47
3.3.1. Position systématique..................................... 47
3.3.2. Cycle biologique.. 48
3.3.3. Nombre de générations................................... 52
3.3.4. Dégâts... 52
3.3.5. Moyens de lutte.. 53

3.3.5.1. Mesures prophylactiques.. 54
3.3.5.2. Lutte curative (chimique)... 55

**Chapitre 4. Description des espèces utilisées en lutte biologique
à Ouargla**

4.1. La lutte biologique.. 58
4.2. Les espèces utilisées en lutte biologique en palmeraies à 57
Ouargla..........
4.2.1. *Pharoscymnus ovoïdeus* Sicard, 1929........................... 57
4.2.1.1 Systématique.. 58
4.2.1.2. Description... 58
4.2.1.2.1. Tête 58
4.2.1.2.2. Pronotum 58
4.2.1.2.3. Elytres 60
4.2.1.2.4. Face sternale 60
4.2.1.3. Régime alimentaire... 60
4.2.1.4. Longévité des adultes.. 61
4.2.1.5. Durée du cycle 61
4.2.2. *Pharoscymnus numidicus* (Pic, 1900)......................... 61
4.2.2.1. Systématique.. 62
4.2.2.2. Description... 63
4.2.2.2.1. Tête... 63
4.2.2.2.2. Thorax.. 63
4.2.2.2.3. Elytres.. 64
4.2.2.2.4. Face sternale... 64
4.2.2.2.5. Pattes... 65
4.2.2.2.6. Ponte... 65
4.2.2.2.7. Voltinisme.. 65
4.2.2.3. Organes génitaux mâles.. 65
4.2.2.4. Organes génitaux femelles....................................... 66
4.2.2.5. Régime alimentaire... 66
4.2.2.6. Longévité des adultes.. 66
4.2.2.7. Durée du cycle.. 66
4.2.3. *Stethorus punctillum* (Weise)................................... 66
4.2.3.1. Synonymie et position systématique 67
4.2.3.2. Répartition géographique.. 68
4.2.3.3. Adulte.. 68
4.2.3.4. Genitalia mâles.. 69
4.2.3.5. Genitalia femelles... 69
4.2.3.6. Œufs.. 69
3.7. Larves.. 70
4.2.3.8. Nymphes.. 70
4.2.3.9. Périodes d'activité.. 71

3

4.2.3.10. Hivernation... 72
4.2.3.11. Alimentation... 72
4.2.4. *Trichogramma cordubensis* Vargas & Cabello................. 73
4.2.4.1. Systématique.. 73
4.2.4.2. Caractéristiques morphologiques............................. 74
4.2.4.3. Mode de reproduction 74
4.2.4.4. Hôtes.. 74
4.2.4.5. Répartition géographique 75
4.2.4.6. Cycle de développement..................................... 75

Deuxième partie : Etude expérimentale

Chapitre 1. Matériel et méthodes

1.1. Matériel.. 77
1.1.1. Matériel végétal.. 77
1.1.1.1. Présentation des stations d'étude............................ 80
1.1.1.1.1. Site d'étude de N'Goussa................................... 80
1.1.1.1.2. Site du Ksar.. 83
1.1.1.1.3. Site de l'exploitation de l'Université KASDI Merbah-
Ouargla.. 83
1.1.1.1.4. Site de l'Institut Technologique de Développement de
l'Agriculture Saharienne (I.T.D.A.S.)............................... 84
1.1.1.1.5. Site de Mekhadma 87
1.1.1.1.6. Palmeraies de la cuvette d'Ouargla prospectées............ 90
1.1.2. Matériel animal... 91
1.1.3. Matériel utilisé pour l'échantillonnage des ravageurs.......... 93
1.1.3.1. Matériel utilisé pour l'échantillonnage la cochenille
blanche du palmier.. 93
1.1.3.2. Matériel utilisé pour l'échantillonnage la pyrale des dattes. 93
1.1.3.3. Matériel utilisé pour l'échantillonnage du boufaroua........ 94
1.1.4. Matériel utilisé pour la capture des ravageurs et auxiliaires... 94
1.1.4.1. Filet fauchoir. 94
1.1.4.2. Parapluie japonais... 95
1.1.4.3. Boites de Pétri... 95
1.1.4.4. Tubes à essais... 96
1.1.5. Matériel de conservation des spécimens........................ 96
1.1.5.1. Papillotes.. 96
1.1.5.2. Sachets en papier.. 97
1.1.5.3. Etaloir... 97
1.1.5.4. Boites de collection 97
1.1.6. Matériel utilisé pour l'identification des espèces.............. 97

4

1.1.7. Matériel utilisé pour l'élevage et la multiplication des auxiliaires retenus 98

1.1.7.1. Matériel utilisé pour l'élevage et la multiplication des trichogrammes (Insectarium).. 98

1.1.7.2. Matériel utilisé pour l'élevage et la multiplication des coccinelles... 100

1.2. Méthodes de travail... 102

1.2.1. Méthodes utilisées pour l'étude de la dynamique des populations de *Parlatoria blanchardi*....................................... 102

1.2.1.2. Prélèvement des folioles... 102

1.2.1.3. Utilisation de la méthode d'EUVERTE........................... 102

1.2.2. Méthodes utilisés pour l'étude de l'efficacité comparée de trois méthodes de lutte contre la cochenille blanche du palmier dattier dans la région d'Ouargla (Sud-est algérien).................... 103

1.2.2.1. Infestation des parcelles expérimentales....................... 103

1.2.2.2. Période d'étude 103

1.2.2.3. Méthodes de lutte testées. 104

1.2.2.4. Estimation du taux de mortalité des cochenilles.............. 105

1.2.2.5. Estimation du taux de mortalité des prédateurs.............. 105

1.2.2.6. Statistiques... 106

1.2.3. Méthodes utilisées pour l'étude du Taux d'infestation et la morphologie de la pyrale des dattes *Ectomyeloïs ceratoniae* (Zeller) sur différentes variétés du palmier dattier *Phoenix dactylifera* L... 106

1.2.3.1. Calcul des taux d'infestation....................................... 106

1.2.3.2. Etude de la morphologie de la pyrale des dattes.............. 107

1.2.3.3. Statistiques... 107

1.2.4. Méthodes utilisés pour l'étude de l'efficacité de *Trichogramma cordubensis* Vargas & Cabello (Hymenoptera, Trichogrammatidae) vis-à-vis de la pyrale des dattes *Ectomyeloïs ceratoniae* Zeller (Lepidoptera, Pyralidae) dans la palmeraie d'Ouargla.. 108

1.2.4.1. Choix du cultivar et du nombre de pieds....................... 108

1.2.4.2. Choix de l'espèce de trichogramme.............................. 108

1.2.4.3. Elevage et multiplication des trichogrammes au laboratoire 109

1.2.4.4. Lâchers des trichogrammes...................................... 113

1.2.5. Méthodes utilisés pour l'étude de l'efficacité de la coccinelle *Stethorus punctillum* (Weise) comme prédateur de l'acarien *Oligonychus afrasiaticus* (McGregor) dans les palmeraies de la région d'Ouargla en Algérie... 114

1.2.5.1. Choix du cultivar et du nombre de pieds....................... 114

1.2.5.2. Choix de l'entomophage.. 114

1.2.5.3. Elevage des entomophages... 115

1.2.5.4. Récolte des entomophages dans les palmeraies............... 116

1.2.5.5. Lâchers inoculatifs de *Stethorus punctillum*.................... 116

1.2.5.6. Estimation du taux d'infestation par *Oligonychus afrasiaticus*.. 118
1.2.5.7. Statistiques...................................... 118
1.2.6. Autre méthodes utilisées....................................... 119
1.2.6.1. Méthode d'observation à l'œil nu.............................. 119
1.2.6.2. Méthode de ramassage des dattes............................. 119
1.2.6.3. Méthode de secouage des folioles des palmiers dattiers..... 119
1.2.6.4. Méthode d'observation des parasitoïdes...................... 119
1.2.6.5. Au niveau du laboratoire....................................... 120

Chapitre 2. Résultats

2.1. Résultats relatifs à la dynamique des populations de *Parlatoria blanchardi*.. 121
2.1.1. Evolution des effectifs des différents stades de la cochenille blanche.. 121
2.1.2. Dynamique des populations de *Parlatoria blanchardi*......... 121
2.1.3. Effectifs totaux de la population de *Parlatoria blanchardi*.... 124
2.1.4. Evolution des effectifs de *Parlatoria blanchardi*.............. 125
2.1.5. Durée des générations de la cochenille blanche du palmier dattier dans trois stations d'Afrique du Nord........................... 126
2.1.6. Ennemis naturels recensés....................................... 129
2.2. Résultats concernant l'efficacité comparée de trois méthodes de lutte contre la cochenille blanche du palmier dattier.............. 131
2.2.1. Mortalité des cochenilles sous l'effet des différentes méthodes de lutte.. 131
2.2.2. Mortalité des auxiliaires sous l'effet des différentes méthodes de lutte.. 132
2.2.3. Relation entre les pourcentages de mortalité occasionnés....... 135
2.3. Résultats concernant le taux d'infestation et morphologie de la pyrale des dattes *Ectomyeloïs ceratoniae* (Zeller) sur quelques cultivars de palmier dattier *Phoenix dactylifera* L................... 136
2.3.1. Influence de la pyrale sur le palmier dattier.................... 136
2.3.2. Influence du palmier dattier sur la pyrale...................... 140
2.3.2.1. Relation entre la taille des pyrales adultes et la taille des dattes de différents cultivars.................................... 140
2.3.2.2. Relation entre la teinte des pyrales et la teinte des dattes des différents cultivars.................................... 143
2.3.2.3. Les ennemis naturels.. 145
2.4. Résultats relatifs à l'efficacité de *Trichogramma cordubensis* vis-à-vis d'*Ectomyeloïs ceratoniae*.................................... 148

2.5. Résultats concernant l'étude de l'efficacité de *Stethorus punctillum* vis-à- vis d'*Oligonychus afrasiaticus*........................ 150
2.5.1. Taux d'infestation des dattes Deglet-Nour par le boufaroua... 150
2.5.2. Efficacité de la prédation du boufaroua par *Stethorus punctillum*.. 153
2.5.3. Les ennemis naturels d'*Oligonychus afrasiaticus*.............. 154

Chapitre 3. Discussions

3. Discussions... 157

Conclusion générale.. 168

Références bibliographiques... 175

Introduction

Le palmier dattier *Phœnix dactylifera* est l'arbre providence des régions désertiques où il croit. Il donne une gamme étendue de produits, en premier lieu : la datte, aliment de grande valeur énergétique. La production de dattes est une culture de subsistance extrêmement importante dans la plupart des régions désertiques. Pour des millions de personnes, les dattes représentent un aliment nutritionnel important contribuant à la sécurité alimentaire.

La production mondiale de dattes, qui oscille autour de sept millions de tonnes par année, a doublé depuis les années 1980. L'Afrique du Nord et le monde arabo-musulman sont les principales régions de production des dattes. Onze pays de ces régions réalisent 94% de la production mondiale. Pour les années 2003 et 2004, l'Egypte a récolté 1.100.000 tonnes, cela représente 19% de la production mondiale, elle occupe la première place au monde et est suivie de prés par l'Iran et l'Arabie saoudite (ANONYME, 2004).

L'Algérie occupe la 6ème place du classement avec un total d'environ 14.000.000 de palmiers dattiers dont 12.000.000 sont productifs donnant 450.000 tonnes par an de dattes de différents cultivars : molles, demi-molles, demi-sèches et sèches (ANONYME, 2003).

La production de dattes est confrontée à différentes attaques dues aux maladies et ravageurs animaux causant des pertes pouvant atteindre les 30% (ANONYME, 2006).

Les travaux d'inventaire de cultivars, réalisés dans une quinzaine de régions algériennes, ont montré que les palmeraies présentent une importante diversité. En effet, 940 cultivars ont été recensés (HANNACHI et *al.*, 1998), dont 270 dans la seule région Sud-Ouest (BEN KHALIFA, 1989). Le plus répandu est le cultivar Takerboucht, seul résistant au bayoud, pathologie induite par le champignon *Fusarium oxysporum*. Au

Sud-Est de l'Algérie, la diversité variétale est moins grande. Dans cette région prédomine le cultivar Deglet-Nour qui a une grande valeur marchande. On trouve aussi d'autres cultivars plus ou moins abondants tels que les cultivars Ghars, Degla-Beida et Mech-Degla.

Les cultivars sont essentiellement définis d'après les caractéristiques du fruit et seuls les individus femelles sont donc identifiables. Le terme « cultivar » est alors parfois préféré, surtout lorsqu'on parle de palmiers femelles (BOUGUEDOURA, 1991).

Chaque cultivar de dattier présente le plus souvent une aire d'adaptation très marquée. C'est ainsi que la Mech-Degla de la région du Ziban n'est pas productive dans l'Oued Rhir, et inversement la Degla-Beida de l'Oued Rhir n'est pas productive au Ziban (GIOVANNI, 1969).

Cette richesse variétale est toutefois sujette à une érosion suite à différents facteurs : dégradation progressive de la palmeraie traditionnelle, vieillissement des palmeraies, déficit hydrique, maladie du bayoud, exode rural (IDDER, 2002) et orientation vers la culture monovariétale (BELGUEDJ, 2002). Les prospections faites dans la zone de Ouargla ont permis de recenser et d'échantillonner 58 cultivars, mais plus de la moitié est menacée de disparition car 90% des cultivars rares sont composés d'individus âgés (HANNACHI et KHITRI, 1991).

Les principaux déprédateurs en palmeraies de la région de Ouargla sont actuellement : la pyrale des dattes *Ectomyeloïs ceratoniae*, la cochenille blanche du palmier dattier, *Parlatoria blanchardi* et le boufaroua, *Oligonychus afrasiaticus* (DOUMANDJI, 1981; DOUMANDJI-MITICHE, 1983; IDDER, 1984; RAACHE, 1990 ; HADDAD, 2000 ; CHAKALI, 1979 ; BOUAFIA, 1985 ; BENADDOUN 1987; IDDER-IGHILI, 2008 ; BALACHOWSKY, 1925 ; 1932 ; 1951 ; 1953 ; 1954 ; 1956 ; 1958 et 1971 ; BENZAHI, 1997 ; BERGUIGA, 2003 ; BOUSSAID et MAACHE, 2000 ; DELASSUS et PASQUIER, 1931 ;

DHOUIBI, 1989 ; DJOUDI, 1992 ; DJOUHRI, 1994 ; GUESSOUM, 1985 et 1988 ; HADDOU, 2005 ; HOCEINI, 1977 ; IDDER, 1991 ; VILARDEBO, 1975 ; SMIRNOFF, 1951 ; 1952 ; 1954 et 1957 ; IDDER et PINTUREAU, 2009) et bien d'autres auteurs.

A ce jour, les différentes méthodes de lutte, notamment chimiques appliquées en palmeraies pour lutter contre les principaux ravageurs du palmier dattier et de la datte n'ont pas donné les résultats espérés. Au contraire l'emploi abusif des pesticides (insecticides et acaricides) a fait apparaître des perturbations à différents niveaux. Plusieurs inconvénients ont été notés après l'utilisation de ces produits phytosanitaires de synthèse (DOUMANDJI-MITICHE et DOUMANDJI, 1993).

Dans toutes les parties du monde entier où les applications chimiques ont été utilisées depuis longtemps, on a mentionné des apparitions de souches de ravageurs de plus en plus résistantes, des brûlures de feuilles dues la phytotoxité, des accumulations et concentrations des produits chimiques chez les vertébrés. Cette accumulation se fait au niveau des différents organes du cerveau. Des pollutions de l'air, de l'eau et des sols suivies d'une biodégradation lente de ces pesticides. En outre, ces pesticides ne sont pas sélectifs et détruisent aussi bien les insectes nuisibles que ceux qui sont utiles.

Suite aux nombreux inconvénients, l'Homme a pensé à utiliser des agents non polluants et non toxiques pour défendre ses cultures. Parmi ces moyens, nous pouvons citer : les utilisations physiques (chaleur et froid), radiobiologiques (rayons gamma), culturales (assolements et jachères) et biologiques (bactéries, champignons, nématodes et insectes).

C'est dans ce cadre que s'inscrit notre travail « la lutte biologique en palmeraies ». Considérant que les palmeraies sont des écosystèmes fragiles et complexes à la fois, toute intervention brutale et non contrôlée peut à court terme engendrer des pathologies souvent irréversibles dans ces milieux (déséquilibres des milieux déjà pauvres du point de vue biocénotique). La lutte biologique en palmeraie pourrait être une alternative à la lutte chimique en lui associant d'autres moyens de lutte non agressifs vis-à-vis du milieu.

Notre étude a pour objectifs dans un premier temps de grouper un ensemble de données sur le climat de la région et sur la plante représentée par le palmier dattier *Phoenix dactylifera*, afin de mieux connaître le milieu dans lequel nous avons travaillé.

Dans un deuxième temps il s'agit de dresser un inventaire aussi complet des principaux ravageurs du palmier dattier et de la datte en Afrique du nord, puis en Algérie, notamment ce qui causent des préjudices sur la plante et sur les fruits.

Dans un troisième temps, nous nous intéresserons aux ennemis naturels des principaux déprédateurs en palmeraies en vue de leur utilisation dans un cadre de lutte biologique.

Enfin, la dernière partie de notre étude sera consacrée à la lutte biologique proprement dite, avec des tentatives d'interventions directes sur le terrain. Cette dernière a concerné la lutte contre la cochenille blanche du palmier dattier *Parlatoria blanchardi* par l'utilisation de *Pharoscymnus numidicus* et *Pharoscymnus ovoïdeus*, la pyrale des dattes *Ectomyeloïs ceratoniae* par l'utilisation de *Trichogramma cordubensis* et le boufaroua *Oligonychus afrasiaticus* par l'utilisation de *Stethorus punctillum*.

Ce travail a été réalisé en partie au Laboratoire de Protection des Ecosystèmes en Zones Arides et Semi-Arides de Ouargla, L'Ecole Nationale Supérieure Agronomique d'El-Harrach - Alger (ENSA), avec la collaboration de DOUMANDJI-MITICHE Bahia, ainsi que le Laboratoire de Biologie Fonctionnelle : Insectes et Interactions BF2I-UMR INRA/INSA de Lyon (France), entre les années 2001 et 2008, en collaboration avec PINTUREAU Bernard.

Première partie : Etude bibliographique

Chapitre 1. La région d'étude

1.1. Situation géographique

La région d'Ouargla est située au Sud-Est de l'Algérie, à une distance de 790 km d'Alger. Elle couvre une superficie de 163.230 km^2 occupée par une population de 536.299 habitants, d'après le recensement de décembre 2002, soit une densité de 2,1 habitants par km^2 (ANONYME, 2003 ; 2004 et 2005). Elle se retrouve dans le Nord-Est de la partie septentrionale du Sahara (5° 19' E; 31° 57' N). Selon ROUVILLOIS-BRIGOL (1975), la région de Ouargla se trouve à une altitude de 157 m. C'est une oasis à activité agricole fortement dominée par la phœniciculture qui constitue jusqu'à aujourd'hui une source de vie principale pour plusieurs familles des régions sahariennes (DUBOST, 1991). Ouargla se trouve encaissée au fond d'une cuvette très large, la basse vallée de l'Oued M'Ya, dont les extrémités sont représentées à l'Ouest par Bamendil et Mekhadma, au Nord par Bour-El-Haicha, à l'Est par Sidi khouiled et Hassi Ben Abdellah et au Sud par Beni Thour, Ain Beida et Rouissat. La cuvette d'Ouargla se trouve entourée par des chotts comme ceux de Bamendil et d'Oum Er Reneb, mais aussi par des palmeraies traditionnelles (ROUVILLOIS-BRIGOL, 1975).

La vallée d'Ouargla (Figure 1), s'étend sur une superficie d'environ 100.000 hectares. Elle est orientée Sud-Ouest/Nord-Est sur une longueur d'environ de 55 km (LEGER, 2003). Administrativement, cette vallée comprend trois dairas dont Ouargla, Sidi Khouiled et N'Goussa. La daira d'Ouargla est la plus importante regroupant deux communes : Ouargla et Rouissat. La daira de Sidi Khouiled se compose de la commune de Sidi Khouiled, d'Aïn El Beïda, de Rouissat et de Hassi Ben Abdellah. La daira de N'Goussa représentée par la seule commune de N'Goussa (ANONYME, 2005).

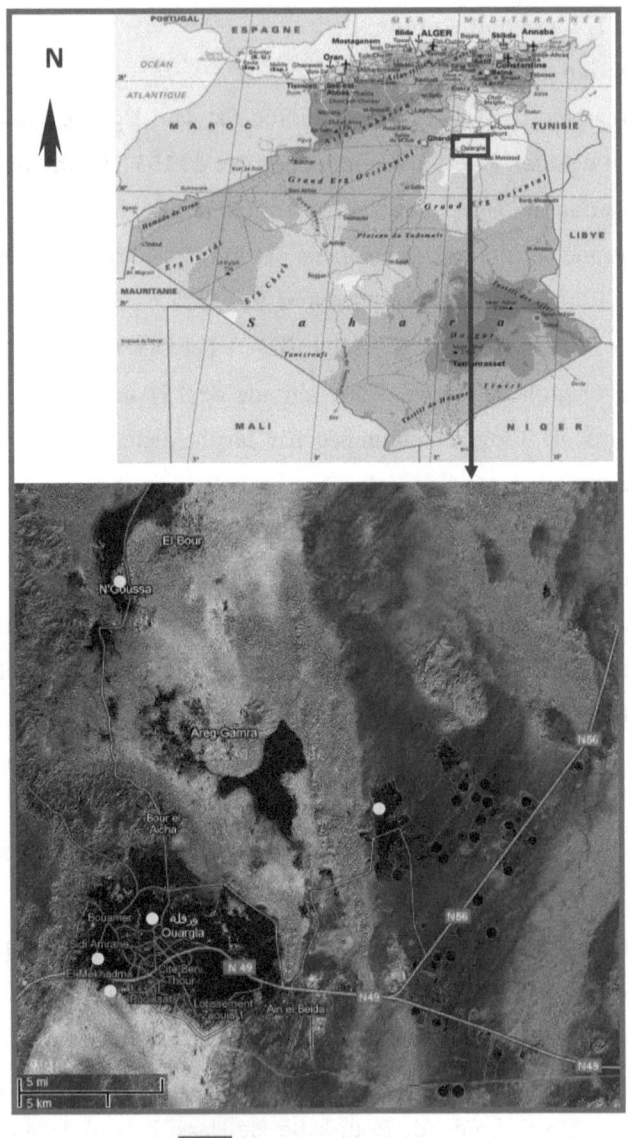

 Sites d'étude

Figure 1. Présentation géographique et satellitaire de la ville d'Ouargla
(ANONYME, 2008)

1.2. Climat de la région

Le climat en raison de ses composantes tels que la température, les précipitations, le vent et l'humidité relative de l'air, contrôle de nombreux phénomènes biologiques et physiologiques. BOUDY (1952) note que la répartition géographique des végétaux et des animaux et la dynamique des processus biologiques, sont conditionnées par le climat. Le maintien et le développement d'*Ectomyeloïs ceratoniae* Zeller sont étroitement liés aux conditions climatiques de la zone d'habitat ou de transit. La température et l'humidité en sont les facteurs climatiques les plus importants. Elles créent directement ou indirectement un milieu favorable pour le développement des populations de ravageur du palmier dattier surtout en milieu saharien, où le seul facteur limitant leur développement s'avère la palmeraie (DUBIEF, 1950; QUEZEL, 1963; TOUTAIN, 1979). Etant donné la singularité des facteurs climatiques régissant la faune et la flore, il paraît très utile d'examiner les principaux facteurs climatiques de cette région du Sahara septentrional Est algérien.

1.2.1. Températures

Les relevés obtenus sur les températures moyennes mensuelles exprimées en degrés Celsius dans la région d'étude pour la décennie (1998-2007) sont consignés dans le tableau 1. Dans la région d'Ouargla, les températures les plus basses sont enregistrées en décembre avec 5,87 °C, en janvier avec 4,72 °C et en février avec 6,78 °C. Pour la décennie (1998-2007) la moyenne annuelle est de 23,47 °C. Les hautes températures se situent en juin, juillet et août où les maxima atteignent respectivement 38,88 °C., 43,30 °C. et 42.59 °C. (Tableau 1) Toutefois, au cours de l'année les maxima peuvent dépasser 43 °C. La moyenne des maxima au cours de l'année est de 30,57 °C. DUBIEF (1959) note dans la région d'Ouargla des maxima absolus de 50,7 °C. Les moyennes annuelles des minima sont comprises entre 10 et 15 °C., et les maxima entre 25 et 30 °C. (DUBIEF, 1951; DUBOST, 1991). Les températures sont de type saharien. La moyenne mensuelle du mois le plus chaud (juillet) est de 35,66 °C et celle du mois le plus froid (janvier) est de 11,5°C.

1.2.2. Pluviosité

Dans la région de Ouargla, les pluies sont rares et irrégulières d'un mois à un autre et suivant les années.

La hauteur moyenne des précipitations enregistrées sur 10 ans, de 1998 à 2007 est égale à 34,75 mm. Les mois les moins arrosés sont juin avec 0,12 mm, juillet avec 0.70 mm et février avec 0,71 mm (Tableau 1). Contrairement, aux autres régions du Sahara, dans celle d'Ouargla, il pleut assez souvent. Les mois sans pluie sont rares pour la période d'étude. Dans cette partie septentrionale, il pleut relativement beaucoup plus en hiver (Tableau 1).

1.2.3. Humidité relative de l'air

A Ouargla, l'humidité varie sensiblement en fonction des saisons de l'année en cours. Durant l'été, elle chute jusqu'à 25,10% en juillet sous l'effet d'une forte évaporation due aux vents chauds comme le sirocco. Par contre en hiver, elle s'élève au-dessus de 50% sans jamais dépasser 70 % sur une moyenne de 10 ans (Tableau 1). Le degré hygrométrique de l'air reste toujours très faible dans tout le Sahara central (Adrar) et le Sahara méridional (Tamanrasset), ordinairement compris entre 4% et 20%, même dans les montagnes. Ce n'est qu'exceptionnellement que l'on observe des valeurs plus fortes. Au Sahara septentrional, il est généralement compris entre 20 et 30% pendant l'été bien qu'il peut s'élever à 50 ou 60% et parfois d'avantage en janvier (DUBIEF, 1950; VERLET, 1974). Dans cette région d'étude, l'humidité relative de l'air atteint en moyenne un maximum de 61,80% au mois de décembre.

1.2.4. Evaporation

Dans la région d'Ouargla comme partout en milieu aride, l'évaporation est toujours plus importante sur une surface nue que sous le couvert végétal, surtout en été. Elle atteint un maximum en août avec 500,40 mm durant la décennie (1998-2007) et un minimum de 106,50 mm pour le mois de décembre pendant la même période (Tableau 1). La moyenne annuelle enregistrée est de 279,94 mm.

1.2.5. Rayonnement solaire et durée d'insolation

Selon SELTZER (1946), le rythme diurne et annuel des phénomènes météorologiques est étroitement lié au mouvement apparent du soleil. La lumière, facteur essentiel intervient dans l'entretien du rythme biologique. Son action est en relation avec sa durée journalière, mais aussi avec les variations lunaires et saisonnières. La lumière agit par son intensité, sa longueur d'onde, son degré de polarisation, sa direction et sa durée (DAJOZ, 1985). Ce facteur climatique joue un rôle considérable sur le comportement des insectes. Au Sahara, les radiations solaires sont importantes. Toute l'atmosphère présente une grande pureté durant toute l'année, vues les faibles valeurs de nébulosité (DUBIEF, 1950; QUEZEL, 1963; TOUTAIN, 1979).

La région d'Ouargla est caractérisée par de fortes insolations avec un minimum de 261 heures en septembre et un maximum de 339,77 heures en juillet pour la décennie (1998-2007). L'insolation annuelle présente une moyenne de 269,42 heures (Tableau 1).

1.2.6. Vents

Dans la région d'Ouargla, les vents soufflent pendant toute l'année avec des vitesses variables allant de 2,72 m/s en janvier à 4,85 m/s en mai pour la décennie (1998-2007) (Tableau 1). En hiver, ce sont les vents d'Ouest qui prédominent. Au printemps, ils proviennent du Nord, du Nord-est et de l'Ouest. En été et en automne, ils viennent du Nord vers le Sud. Les vents les plus forts à vitesse supérieure à 20 m/s (72 km / h), soufflent du Nord-est et du Sud et les plus fréquents du Nord (ROUVILLOIS-BRIGOL, 1975). Les vents de sable apparaissent, au printemps du Nord-est et du Sud-ouest. Ils sont responsables des zones d'ensablement privilégiées de certaines palmeraies, notamment du Nord et de l'Ouest (ROUVILLOIS-BRIGOL, 1975).

Tableau 1. Données climatiques moyennes de la région d'Ouargla de 1998 à 2007 (O.N.M., 2008)

Paramètres Mois	Précipitation (mm)	Humidité (%)	Evaporation (mm)	Insolation (h/mois)	Vent (m/s)	Températures (°C)		
						Max.	Min.	Moy.
Janvier	4,12	58,50	111,20	255,11	2,72	18,42	4,72	11,57
Février	0,71	51,50	149,60	236,30	3,36	20,74	6,78	13,76
Mars	4,03	41,20	236,20	265,30	3,86	25,67	10,39	18,03
Avril	1,48	34,60	317,10	278,50	4,60	30,21	15,43	22,82
Mai	1,55	31,80	380,80	277,40	4,85	34,67	20,21	27,44
Juin	0,12	25,80	382,30	305,50	4,58	38,88	25,10	31,99
Juillet	0,70	25,10	409,00	339,77	4,48	43,30	28,03	35,66
Août	1,84	28,10	500,40	321,11	4,13	42,59	27,44	35,01
Septembre	1,67	36,90	351,60	261,00	3,77	37,85	24,04	30,94
Octobre	7,49	45,10	267,80	259,44	3,63	32,22	18,14	25,18
Novembre	8,73	56,60	146,80	240,11	2,80	23,73	10,35	17,04
Décembre	2,31	61,80	106,50	193,55	2,85	18,60	5,87	12,23
Moyennes	2,89	41,41	279,94	269,42	3,80	30,57	16,37	23,47
Cumul	34,75	-------	3359,3	3233,1	-----	-----	-------	-------

1.3. Synthèse climatique

Les différents facteurs climatiques n'agissent pas indépendamment les uns des autres (DAJOZ, 1985). Il est par conséquent important d'étudier l'impact de la combinaison de ces facteurs sur le milieu. Pour caractériser le climat de la région d'Ouargla et préciser sa localisation à l'échelle méditerranéenne, le diagramme ombrothermique de BAGNOULS et GAUSSEN (1953) et le climagramme pluviothermique d'ENBERGER sont utilisés.

1.3.1. Diagramme ombrothermique de BAGNOULS et GAUSSEN (1953)

Selon BAGNOULS et GAUSSEN (1953), un mois est considéré biologiquement sec, lorsque le cumul des précipitations (P) exprimé en mm est inférieur ou égal au double de la température (T) exprimée en °C. L'intersection de la courbe thermique avec la courbe ombrique détermine la durée de la période sèche. Cette dernière est une suite de mois secs.

Elle peut s'exprimer par P ≤ 2T (BAGNOULS et GAUSSEN, 1957). Sur la Figure 2 caractérisant la région d'Ouargla, il est à remarquer que la courbe des précipitations est toujours inférieure à celle des températures. Ceci laisse apparaître une période sèche qui s'étale durant toute l'année.

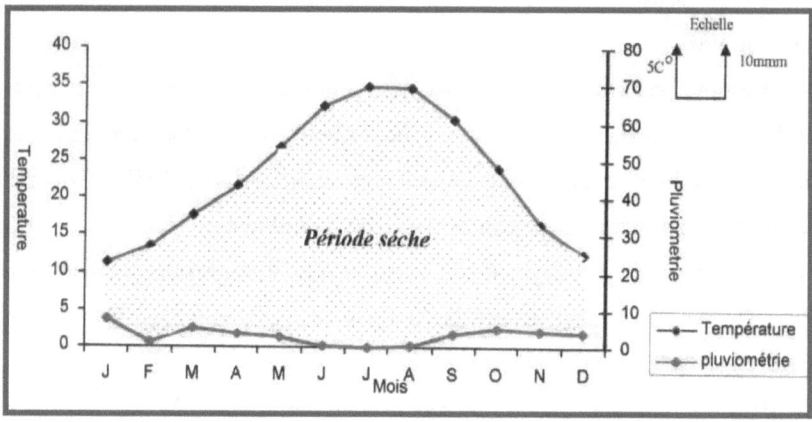

Figure 2. Diagramme ombrothermique pour la période allant de 1998 à 2007 de la région d'Ouargla (O.N.M., 2008)

1.3.2. Climagramme d'EMBERGER

Il permet de connaître l'étage bioclimatique de la région d'étude, il est représenté, en abscisse par la moyenne des minima du mois le plus froid et en ordonnée par le quotient pluviométrique (Q_3). L'indice est égal au quotient pluviométrique de STEWART, il peut s'écrire :

$Q_3 = 3,43 \ P \ / \ (M\text{-}m)$

18

Q_3 est le quotient pluviothermique.

P est la moyenne des précipitations annuelles exprimées en mm calculé pour 10 ans (1998-2007).

M est la moyenne des températures maxima du mois le plus chaud.

m est la moyenne des températures minima du mois le plus froid.

Le climat est d'autant plus sec que le quotient pluviothermique Q_3 est plus petit. En observant le climagramme (Figure 3), il est à constater que la région d'Ouargla présente un

$Q_3 = 3,10$ et $m = 4,72$, en conséquence, la région de Ouargla appartient à l'étage bioclimatique saharien à hiver doux. Elle se caractérise par des températures élevées, une pluviométrie très réduite, une forte évaporation et une luminosité intense.

1.4. Relief

Le relief est caractérisé par une prédominance de dunes. Il n'y a pas eu de plissements à l'ère tertiaire, si bien que le relief revêt fréquemment un aspect tabulaire aux strates parallèles (PASSAGER ,1957). D'après l'origine et la structure des terrains trois zones sont distinguées:

- A l'Ouest et au Sud, il y a des terrains calcaires et gréseux formant une zone déshéritée où rien ne pousse à l'exception de quelques touffes de « drin » (*Aristida pungens* Desf).

- A l'Est, la zone est caractérisée par le synclinal d'Oued-M'ya. C'est une zone pauvre en points d'eau.

- A l'Est et au centre, le Grand Erg oriental occupe près des trois quarts de la surface totale de la cuvette (PASSAGER, 1957)

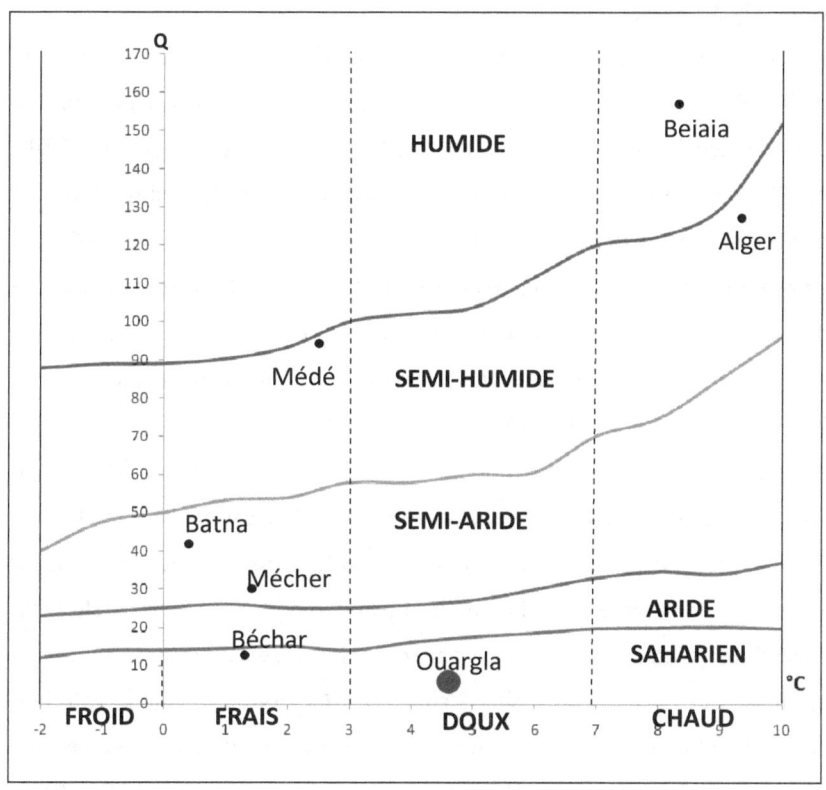

Figure 3. Climagramme d'EMBERGER de la région d'Ouargla

1.5. Sols

Au Sahara, le facteur de la formation des sols est essentiellement le vent. Il s'y ajoute l'ampleur des variations thermiques, notamment journalières (DUTIL, 1971 et DUBOST, 1991). Les sols sahariens sont généralement peu évolués et dépourvus d'humus (HALITIM, 1985). Dans l'ensemble des sols, le squelette sableux est très abondant, constitué en quasi-totalité par du quartz. La couleur devient moins rouge et l'épaisseur de la pellicule diminue dans les sols en aval et en particulier dans les dunes. Sur les sols de la dépression la masse basale argileuse présente un aspect poussiéreux. Elle est constituée d'un mélange de micrite détritique et de quelques paillettes de micas (HAMDI AISSA, 2001).

20

1.6. Hydrologie

Différents bassins versants forment le réseau hydrographique de la région d'Ouargla. Parmi les oueds les plus importants, il est possible de citer l'Oued M'Ya, lequel est un oued fossile du quaternaire (IDDER, 2008). Il est en forme de vaste gouttière qui se relève d'abord du Sud vers le Nord sur une distance de 800 m avant d'entamer une descente sur 20 km en pente douce de 1% depuis le plateau Tademaït vers le Nord de la cuvette d'Ouargla. Vers le Nord-est, le lit de l'oued Mya s'étend sur plus de 19.800 km². Il se jette dans le chott Melrhir actuel. Sa longueur devait atteindre 900 km (DUBIEF, 1950; CORNET, 1952). Il existe d'autres oueds moins importants que l'Oued M'Ya. Ce sont l'Oued N'Sa et l'Oued M'Zab qui sont actifs. Ils coulent de l'Ouest vers l'Est-Sud-Est jusqu'à la sebkha Sefioune (HAMDI AISSA et GIRARD, 2000). Tous ces oueds participent à l'alimentation en eau de la nappe phréatique. Au Sahara, il existe deux ensembles d'aquifères séparés par d'épaisses séries évaporitiques ou argileuses de la base du Crétacé supérieur. Ce sont l'ensemble inférieur appelé Continental intercalaire ou Albien, et l'ensemble supérieur désigné par le Complexe Terminal (Miopliocène et Sénonien) (SAVORIN, 1930; HAMDI AISSA, 2001). A ceux-ci s'ajoutent des nappes phréatiques. Elle couvre une superficie de 600.000 km² et renferme une réserve de 50.000 milliards de m³ d'eau.

Les eaux souterraines constituent la principale ressource hydrique de la région d'Ouargla. Trois niveaux différents sont exploités:

- Une nappe phréatique aux eaux salées à une profondeur de 1 à 8 m,

- Une partie du Complexe Terminal comprenant la nappe du miopliocène et la nappe du sénonien.

- Le Continental Intercalaire (CÔTE, 2005)

Chapitre 2. Le palmier dattier et la palmeraie

2.1. Le palmier dattier

2.1.1. Historique

Le palmier dattier, *Phœnix dactylifera* L. (Arecaceae), se cultive pour ses fruits dans les régions chaudes, arides et semi-arides du globe (MUNIER, 1973). L'origine du palmier cultivé est controversée (EL BEKR, 1972). Les recherches se poursuivent encore aujourd'hui. Pour ZOHARY et SPIEGEL-ROY (1975) ainsi que ZOHARY et HOPF (1988), l'ancêtre sauvage du palmier dattier est toutefois identifié. Il est distribué sur la frange méridionale chaude et sèche du Proche-Orient, au Nord-est du Sahara et au Nord du désert d'Arabie. La famille des Arecaceae est apparue au Crétacé supérieur (Sénonien) et le genre *Phœnix* durant le tertiaire (Eocène) (DOYLE, 1973; UHL et DRANSFIELD, 1987). Les fossiles rencontrés aussi bien en Amérique du Nord qu'en Europe plaident pour une origine antérieure à la séparation des continents. Les noyaux de dattes trouvés près des points d'eau de gisements néolithiques semblent indiquer qu'une cueillette avait alors lieu sur des arbres non cultivés. Toutefois, la culture du dattier se pratiquait 10.000 ans avant J. C. Les Phéniciens ont introduit la culture du palmier dattier en Afrique du Nord (BOUGUEDOURA, 1979). Elle a connu un grand essor chez les Arabes au septième siècle puis pendant le douzième siècle. Pour HILGEMAN (1972) cité par (BOUGUEDOURA, 1979), c'est en 1890 que les palmiers en provenance d'Algérie, d'Egypte et d'Arabie Saoudite ont été introduits aux Etats-Unis.

2.1.2. Répartition géographique

La majorité des dattiers près de 50%, se trouve en Asie particulièrement en Iran et en Irak. Le patrimoine phœnicicole de l'Afrique du Nord est estimé à 26% du total mondial. Les limites extrêmes de développement du dattier se situent entre la latitude 10° Nord (Somalie) et 39° Nord (Elche en Espagne) (TOUTAIN, 1973). L'aire principale est toutefois comprise entre 24° et 34° latitude Nord, où les meilleures conditions écologiques pour cette espèce sont réunies. Aux Etats-Unis d'Amérique, le palmier dattier se trouve entre 33° et 35° latitude Nord (TOUTAIN, 1973). En Algérie le palmier dattier constitue la principale culture au Sahara algérien entre 25° et 35° latitude Nord. Il occupe toutes les régions situées au Sud de l'Atlas saharien, depuis la frontière marocaine à l'Ouest jusqu'à la frontière tuniso-libyenne à l'Est (DJERBI, 1988).

2.1.3. Taxinomie

Le palmier dattier a été dénommé *Phœnix dactylifera* par LINNEE en 1734, *Phœnix* dérivant de phœnix qui est le nom du dattier chez les grecs de l'antiquité, et *dactylifera* venant du latin dactylus issu du grec daktulos. *Phœnix dactylifera* signifie doigt en référence à la forme du fruit (MUNIER, 1973). Le dattier est une plante Angiosperme monocotylédone de la famille des Arecaceae (1832), anciennement nommée Palmaceae (1789) (BOUGUEDOURA, 1991). C'est l'une des familles de plantes tropicales les mieux connues sur le plan systématique. Elle regroupe 200 genres représentés par 2700 espèces réparties en six sous-familles. Le palmier appartient à la sous-famille des Coryphoidea subdivisée en trois tribus. Il est le seul genre de la tribu des Phœniceae (UHL et DRANSFIELD, 1987). Le genre *Phœnix* comporte douze espèces (MUNIER, 1973).

2.1.4. Morphologie

2.1.4.1. Système racinaire

La principale étude de l'organisation du système racinaire est celle de MUNIER (1973). Ce système racinaire ne comporte pas de ramifications. Il présente, en fonction de la profondeur quatre zones: les racines respiratoires à moins de 0,25 m de profondeur qui peuvent émerger du sol ; les racines de nutrition se trouvent à une profondeur pouvant aller de 0,30 m à 1,20 m, les racines d'absorption qui rejoignent le niveau phréatique, et les racines d'absorption de profondeur caractérisées par un géotropisme positif très accentué. Elles peuvent atteindre une profondeur de 20 m.

2.1.4.2. Système végétatif aérien

Le tronc ou stipe monopodique, est généralement cylindrique. Il est toutefois tronconique chez certaines variétés. Il porte les palmes qui sont des feuilles composées et pennées issues du bourgeon terminal. Chaque année, apparaissent 10 à 20 feuilles. Une palme vit entre 3 et 7 ans (MUNIER, 1973).

2.1.4.3. Organes floraux

Le dattier comme toutes les espèces de la tribu des Phœniceae, est dioïque (BOUGUEDOURA, 1991). D'après BEAL (1937), il est diploïde avec $2n = 36$ parfois $2n = 16$ et $2n = 18$. Les fleurs du dattier sont portées par des pédicelles rassemblés en épi composé appelé spadice, enveloppé d'une grande bractée membraneuse entièrement fermée, la spathe. La spathe s'ouvre d'elle-même suivant une ligne médiane. Chaque spadice ne comporte que des fleurs du même sexe. Les spathes sont de forme allongée. Celles des inflorescences mâles sont plus courtes et plus renflées que celles des inflorescences femelles (TOUTAIN, 1972).

2.1.4.4. Fruit ou datte

La datte est une baie composée d'un mésocarpe charnu protégé par un fin épicarpe. L'endocarpe se présente sous la forme d'une membrane très fine entourant la graine, appelée communément noyau (MUNIER, 1973;

DJERBI, 1994). OUELD H'MALLA, (1998), signale différents stades d'évolution de la datte:

- **Stade Loulou:** Il commence après la fécondation. Les dattes ont alors une croissance lente, une couleur verte et une forme sphérique. Il dure 4 à 5 semaines.

- **Stade Khalal**: C'est un stade de sept semaines environ. Il se caractérise par une croissance rapide en poids et en volume. Les fruits ont une couleur vert vif et un goût âpre à cause de la présence de tanins.

- **Stade Bser**: Il se caractérise par une accumulation de sucres se traduisant par un goût sucré du fruit. La datte vire du vert au jaune ou rouge selon les cultivars. Son poids n'augmente que faiblement, et diminue même à la fin du stade qui dure 3 à 5 semaines.

- **Stade Mertouba**: Chez certains cultivars le stade Mertouba correspond à la datte mûre. Le poids et la teneur en eau diminuent, et la couleur devient brune au cours des 2 à 4 semaines de cette phase.

- **StadeTmar**: C'est le dernier stade correspondant à la maturation de la datte. La teneur en eau continue à diminuer et la couleur devient plus foncée, surtout chez les dattes molles et demi-molles. Pour les variétés sèches, la couleur du fruit reste toutefois claire.

Le poids, les dimensions, la forme et la couleur de la datte varient en fonction des cultivars et des conditions de culture. La consistance constitue aussi une caractéristique du cultivar car la datte peut être molle, demi-molle ou sèche (DJERBI, 1994). La chaire de la datte mûre est composée en majorité de sucres soit 70% à 75% du poids sec sans la graine. Il s'agit du saccharose, du glucose, du galactose, du xylose, etc. Le taux d'humidité du fruit est inférieur à 40% au stade de maturité, quelle que soit la consistance (molle, demi- molle).

ABDEL SALAM (1994) cité par BENMEHCENE (1998), rapporte que la datte est riche en vitamine A, moyennement riche en vitamine B_1, B_2, B_7, et pauvre en vitamine C. Elle contient des éléments minéraux, surtout du potassium, mais aussi du phosphore, du calcium et du fer.

2.1.5. Ecologie du palmier dattier

Le palmier dattier ne vit pas en région tropicale humide comme certaines Arecaceae, mais en région subtropicale sèche. Spontané dans la plupart des régions du vieux monde où la pluviométrie est inférieure à 100 mm par an. Il a été introduit dans de nombreuses autres régions notamment en Argentine, au Brésil, en Afrique du Sud, aux USA, etc. (MUNIER, 1973). Malgré, cette adaptation aux zones sèches, le palmier ne peut vivre sans eau souterraine disponible et/ou sous irrigation. Il est donc considéré comme une plante phréatophyte et héliophile. Il peut encore vivre et être productif en altitude, comme dans les oasis du plateau du Tassili et du Tibesti qui atteignent 1000 à 1500 m d'altitude (MUNIER, 1973).

2.1.6. Exigences climatiques

Le palmier dattier est une espèce thermophile. Son activité végétative se manifeste à partir de 7°C. à 10°C. selon les individus, les cultivars et d'autres paramètres climatiques (MUNIER, 1973; PEYRON, 2000). Elle atteint son maximum vers 32°C., et commence à décroître à partir de 38°C. La floraison se produit après une période fraîche ou froide, quand la température redevient assez élevée et atteint un seuil appelé le zéro de floraison. Ce seuil varie entre 17°C et 24°C en fonction des cultivars et des régions (DJERBI, 1994; PEYRON, 2000). La nouaison des fruits se fait à des températures journalières supérieures à 25°C. La somme des températures nécessaires à la fructification (indice thermique) est de 1000 à 1860°C. selon les régions phœnicicoles. Elle est de 1854°C à Touggourt et 1620°C à Béchar (MUNIER, 1973). La période de fructification, de la nouaison à la maturation des dattes, dure de 120 à 200 jours selon les cultivars et les régions (DJERBI, 1994). Le dattier est par ailleurs une espèce héliophile. La disposition de ses folioles facilite la photosynthèse et le développement des organes végétatifs, est possible sous une faible luminosité. La production de dattes demande par contre une grande luminosité et les fortes densités de plantation sont donc à déconseiller. L'humidité de l'air joue un rôle sur la biologie du dattier (MUNIER, 1973). Les humidités faibles (inferieures à 30%) stoppent le processus de fécondation et provoquent le desséchement des dattes au stade de maturité. Les humidités fortes (supérieures à 70%) provoquent la pourriture des inflorescences et des dattes (BOUGUEDOURA, 1991). De même, les vents exercent une action mécanique sur les arbres et accélèrent le desséchement des dattes. Ils augmentent la transpiration du palmier et provoquent la brûlure des jeunes pousses (BOUGUEDOURA, 1991).

2.1.7. Exigences hydriques

Bien que cultivé dans les régions les plus chaudes et les plus sèches du globe, le palmier dattier recherche toujours les endroits où les ressources hydriques du sol sont suffisantes pour subvenir à ses besoins au niveau racinaire. Considérant qu'un hectare de palmier compte en moyenne 100 pieds, les besoins en eau d'irrigation à l'hectare varient suivant les sols, les régions et le niveau des nappes souterraines de 15 à 18000 m^3 à 30 à 40000 m^3 par hectare et par an (MUNIER, 1973).

2.1.8. Exigences pédologiques

Le palmier dattier s'accommode aux sols des diverses terres cultivables de régions désertiques et subdésertiques. Il croit plus rapidement en sol léger qu'en sol lourd. Il préfère un sol neutre, profond, bien drainé et assez riche ou susceptible d'être fertilisé (TOUTAIN, 1979). Il est très tolérant au sel (chlorure de sodium et de magnésium) (MUNIER,

1973). Le dattier supporte des sols et des eaux salés jusqu'à 15.000 ppm* de sels dans la solution de sol; au dessus, il peut se maintenir, mais végétera; à 48.000 ppm, il meurt (BOUNAGA, 1991).

2.1.9. Conduite du palmier dattier
2.1.9.1. Pollinisation

Chez le palmier dattier, elle est fréquemment artificielle sous l'action de l'homme. Cette pollinisation dépend de plusieurs facteurs:

- Le génome femelle qui code des caractères de précocité, maturation et réceptivité des ovules, et qui détermine la compatibilité avec le génome mâle;
- Le génome mâle qui code des caractères de précocité, viabilité, faculté germinative et pouvoir fécondant du pollen;
- Les conditions climatiques (PEYRON, 2000).

2.19.2. Eclaircissage

L'éclaircissage est une opération qui consiste à réduire le nombre de dattes. Elle permet d'améliorer la qualité, le rendement et la régularité de la production. Elle peut être conduite soit par limitation des régimes ou par ciselage (PEYRON, 2000).

La limitation des régimes consiste à réduire le nombre de régimes. Les régimes éliminés sont les plus tardifs, ceux qui se trouvent près du cœur, ou ceux qui ont un faible taux de nouaison. A l'opposé le ciselage est une opération consistant à réduire le nombre de fruits par régime. Elle se réalise en éliminant un certain nombre de pédicelles du cœur (ciselage du cœur) ou en coupant l'extrémité des branchettes dans le cas des régimes à pédicelles longs (ciselage des extrémités) (BENMAHCENE, 1998).

2.1.9.3. Inclination et fixation des régimes

Pour éviter la cassure des hampes florales des régimes, ou faciliter la récolte, le nettoyage des régimes par l'élimination des dattes desséchées ou pourries, il est pratiqué une courbure à la hampe florale des régimes pour l'attacher au rachis des palmes les plus proches (PEYRON, 2000).

2.1.9.4. Ensachage

Pour minimiser les dégâts causés par les pluies d'automne, les insectes et les oiseaux, il est pratiqué l'ensachage des régimes. C'est une simple opération qui consiste à envelopper les régimes dans des sacs fabriqués à partir de pennes de palmes, ou dans des sacs en plastique, de papier kraft ou de toile de tissu (MUNIER, 1973). L'ensachage des régimes permet de réduire notablement l'infestation des dattes par les populations d'*Ectomyeloïs ceratoniae* (BEN OTHMAN et *al*., 1996; BOUKA et *al*., 2001).

2.1.9.5. Taille ou élagage des palmes

Cette opération est effectuée chaque année après la récolte. C'est l'élimination des palmes sèches se trouvant dans la partie inférieure de la frondaison. Toutes les palmes ayant une activité photosynthétique doivent être maintenues car le nombre de régimes qui est conservé dépend du nombre de ces palmes (TOUTAIN, 1979).

2.2. La palmeraie
2.2.1. Architecture de la palmeraie

La palmeraie ou verger phœnicicole est un écosystème très particulier stratifié. La strate arborescente, la plus importante, est représentée par le palmier dattier. La strate arborée est composée d'arbres comme le figuier *Ficus carica,* le grenadier *Punica granatum,* le citronnier *Citrus limon,* l'oranger *Citrus sinensis,* la vigne *Vitis vinifera,* le mûrier *Morus rubra,* l'abricotier *Prunus armeniaca,* l'acacia *Acacia tortilis raddiana,* le tamarix *Tamarix gallica,* et d'arbustes comme le rosier *Rosa canina,* etc. La strate herbacée est constituée de cultures maraîchères, fourragères, céréalières, condimentaires, etc.

Ces différentes strates constituent un milieu biologique qu'il est possible de nommer milieu agricole (IDDER, 2002). La palmeraie est en fait une succession de jardins aussi différents les uns que les autres du point de vue de leur architecture. Dans ces jardins, la composition faunistique et floristique, l'âge, la conduite, l'entretien, les conditions micro climatiques, etc. forment un ensemble assez vaste qui donne l'aspect d'une forêt (IDDER, 2002).

2.2.2. Structure de la palmeraie

Du point de vue de la composition floristique, il se distingue deux types de jardins, l'ancien jardin et le nouveau. Dans le type ancien, il existe une assez importante diversité phytogénétique du palmier dattier. On y rencontre fréquemment plus d'une trentaine de cultivars différents. Le nouveau jardin présente par contre une tendance à la monoculture, essentiellement des cultivars comme Deglet-Nour ou Ghars ayant une meilleure valeur marchande. Il n'existe cependant aucune relation entre ces deux types de jardins et la nature plus ou moins irrégulière de la plantation. On peut en effet rencontrer d'anciens jardins à plantation organisée et des nouveaux jardins à plantation irrégulière (IDDER, 2002). Du point de vu de la conduite des plantations, il se distingue deux types de jardins. Le premier, organisé est caractérisé par une plantation bien régulière de palmiers dattiers, où les écarts entre les arbres et les lignes varient de 7 X 7 m à 10 X 10 m. Le deuxième, non organisé présente au contraire une plantation désorganisée des palmiers dattiers, les écarts entre les arbres varient de 2 m à 7 m (IDDER, 2002). Le jardin à plantation non organisée présente des conditions microclimatiques différentes de celles du jardin à plantation organisée. Le premier se caractérise par une densité élevée de palmiers et donc un couvert végétal assez dense. Il y a une imbrication des palmes entre elles qui diminue les températures, l'insolation et la vitesse des vents. L'hygrométrie est par contre importante. De telles conditions sont favorables à la faune qui est plus nombreuse et diversifiée (IDDER, 2000).

2.2.3. Biodiversité variétale

L'inventaire variétal, réalisé dans une quinzaine de régions algériennes, a montré que les palmeraies conservent encore une importante diversité. En effet, 940 cultivars ont été recensés par HANNACHI et *al.* (1998). BEN KHALIFA (1989) dénombre 270 cultivars dans la seule région Ouest algérien. De toutes les variétés, Takerboucht est la seule résistante au Bayoud (*Fusarium oxysporum* forme spéciale albedinis). Dans la région d'Ouargla la diversité variétale est moins grande que dans d'autres régions. La variété d'une importance économique certaine et qui prédomine est Deglet-Nour à côté d'autres variétés d'importance économique moindre telles que Ghars, Degla-Beida et Mech- Degla. Cette richesse génétique est toutefois sujette à une érosion due à différents facteurs: vieillissement, déficit hydrique, maladie du bayoud, exode rural, etc. C'est malheureusement ce qui justifie l'orientation vers la culture monovariétale dans la nouvelle plantation (BELGUEDJ, 1996). Sur 58 cultivars recensés, plus de la moitié est menacée de disparition, et 90% des cultivars rares sont vieux (TOUTAIN, 1967 ; TOUTAIN, 1973 ; TOUTAIN et SAIDI, 1973 ; HANNACHI et KHITRI, 1991).

2.2.4. Faune et flore des palmeraies

2.2.4.1. Faune

La diversité des ressources végétales et animales dans la palmeraie est un facteur écologique très important. Cette diversification des régimes alimentaires est à l'origine de nombreuses adaptations morphologiques, physiologiques et écologiques (DAJOZ, 1971 et DAJOZ, 1982). La région d'Ouargla présente une faune relativement variée. Il s'y trouve essentiellement des insectivores comme le hérisson du désert *Paraechinus aethiopicus,* des carnivores comme le fennec *Fennecus zerda* et le chacal *Canis aureus,* Canidae, des rongeurs comme la gerbille *Gerbillus gerbillus,* et la souris domestique *Mus musculus.* Les oiseaux, les plus fréquents sont: la tourterelle des bois *Streptopelia turtur,* la tourterelle sénégalaise *Streptopelia senegalensis,* la pie-grièche grise *Lanius excubitor* et le moineau domestique *Passer domesticus.* Les amphibiens sont représentés par la grenouille rieuse *Rana ridibunda,* les reptiles avec des lézards comme *Agama mutabilis* et des vipères comme *Cerastes vipera* (BEKKARI et BENZAOUI, 1991).

En palmeraie les arthropodes et les vertébrés sont diversifiés et vivent dans les différentes strates et milieux biologiques DELASSUS et PASQUIER, (1931) ; LEPESME, (1947) ; REAL, (1948) ; BALACHOWSKY, (1952) ; BALACHOWSKY, (1952) ; SMIRNOFF, (1952) ; SMIRNOFF, (1952) ; BALASCHOWSKY, (1954) ; SMIRNOFF, (1957a) ; SMIRNOFF, (1957b) ; BALASCHOWSKY, (1958) ; PIGUET (1960) ; GOTHILF, (1969) ; IPERTI et *al.,* (1970) ; BALACHOWSKY, (1971) ; MUNIER (1973) ; DOUMANDJI, (1981) ; CHAKALI, (1981) ; DOUMANDJI-MITICHE, (1983) ; IDDER, (1984) ; IDDER, (1986) ; GUESSOUM, (1988) ; LEBERRE, (1989) ; LEBERRE, (1990) ; BEKKARI et BENZAOUI (1991) ; IDDER, (1991) ; IDDER, (1992) ; DJAKAM et KEBBIZE (1993) ; YOUMBAI, (1994) ; BENZAHI, (1997) ; BOUSSAID et MAACHE, (2000) ; HADDAD (2000) ; BEKKOUCHA, (2002) ; DURANTON et LECOQ, (2002) ; BENHENNI et DJEGHOUBBI, (2003) ; SADINE, (2004) ; IDDER (2008) ; IDDER-IGHILI, (2008) ; SAGGOU, (2008) ; BENSALAH, (2009) ; (**GUENDOUZ-BENRIMA et al., 2009**) ; (IDDER, 2009). Parmi les espèces d'insectes, citons les coléoptères avec *Apate monachus* (Bostrychidae), *Coccotrypes dactyliperda, Carpophilus hemipterus, Oryctes agamemnon, Stethorus punctillum* (Coccinellidae), *Pharoscymnus numidicus* (Coccinellidae), les diptères avec *Bombylus* sp. (Bombylliidae), *Culex pupiens* (Culicidae), *Musca domestica* (Muscidae), *Sarcophaga carnoria* (Sarcophagidae) etc., les lépidoptères avec *Ectomyelois ceratoniae* (Pyralidae), *Pieris rapae* (Pieridae), les homoptères avec *Phoenicococcus marlatti, Parlatoria blanchardi* et les orthoptères avec *Schistocerca gregaria,* *Aiolopus thalassinus* (Acrididae), *Gryllus bimaculatus* (Gryllidae), *Gryllotalpa gryllotalpa* (Gryllotalpidae). Quant aux arachnides, retenons : *Oligonychus afrasiaticus* (Tetranychidae), *Androctonus amoreuxi* (Buthidae) et *Buthus occitanus* (*Buthidae*).

2.2.4.2. Flore

La flore est un miroir fidèle du climat. Le climat rude de la région d'Ouargla la rend très pauvre en nombre d'espèces végétales (OZENDA, 1983). Les peuplements végétaux halophiles de la région sont soit des reliques de périodes plus humides qui ont réussi à se maintenir, soit des espèces méditerranéennes ou tropicales qui se sont adaptées au désert par l'acquisition de caractères physiologiques ou morphologiques nouveaux. CHEHMA et al., (2005), ont constaté que la distribution spatiale de la flore spontanée du Sahara septentrionale (Ouargla, Touggourt et Ghardaïa) est inégale. Les lits d'oued sont les plus riches, suivi respectivement des dayas, des sols rocailleux, des sols sableux, des regs et enfin des sols salés.

La flore des palmeraies est caractérisée par la prédominance du palmier dattier Phoenix dactylifera. L'oasis est avant tout une palmeraie dans laquelle, sous les arbres ou au voisinage sont établies accessoirement des cultures fruitières et maraîchères (OZENDA, 2004). Des cultures fourragères et condimentaires sont aussi cultivées sous la palmeraie. Elles offrent de ce fait un abri et de la nourriture à une faune plus ou moins variée. Pour MEKKAOUI et MOUANE (2007), les espèces communes à toutes les palmeraies de la région sont Tamarix gallica, Zygophyllum album, Launaea glomerata et Juncus maritimus. Un logiciel compilant une base de données des plantes algériennes et notamment de la flore saharienne a été mis en place (HADJ SEYD et al, 2009).

2.2.5. Importance socio-économique

1 000.000 de palmiers dattiers couvrent une superficie de 7 750 ha. Cette culture constitue un écosystème productif qui a permis le maintien de la vie humaine.

L'essor démographique en Algérie et la satisfaction des besoins alimentaires de la population imposent un soutien aux régions arides, comme le Sahara qui représente environ les quatre cinquième de la superficie du pays. Les moyens financiers à mobiliser ne peuvent toutefois aller sans une prise de conscience globale des problèmes, une utilisation rationnelle des ressources naturelles, et un maintien de la spécificité agricole régionale. Un tel développement n'est pas simple, de nos jours de multiples contraintes entravant l'essor de la phœniciculture dans la région d'Ouargla. Celles-ci sont à la fois d'ordre écologique, économique, technique et sociale (IDDER, 2000).

2.2.6. Importance écologique

L'homme saharien a su harmonieusement s'intégrer à son écosystème de la palmeraie, malgré ses moyens financiers et matériels dérisoires. Si son savoir et savoir-faire sont limités, il savait que son écosystème est fragile et complexe, et qu'il fallait le préserver pour qu'il produise. La vie au Sahara serait en effet impossible sans l'existence du couvert végétal composé essentiellement de palmiers. Ce couvert végétal permet à la fois de faire face à l'hostilité du désert par la création d'un méso climat plus modéré, de satisfaire les besoins alimentaires des hommes et du bétail, et de fournir beaucoup de produits énergétiques de base et de matériaux de construction (IDDER, 2002).

2.2.7. Facteurs de dégradation des palmeraies

Les facteurs de dégradation des palmeraies sont d'ordre agronomique, socioéconomique et écologique. Il s'agit principalement de l'héritage et de l'exode rural, le vieillissement de la main d'œuvre et de la palmeraie, le manque ou absence de vulgarisation, l'érosion génétique, la remontée des eaux de drainage, la cherté des intrants, l'invasion des palmeraies par le béton et l'ensablement du milieu (IDDER, 2000).

Chapitre 3. Etude des principaux ravageurs du palmier dattier dans la région d'Ouargla

3.1. La Cochenille blanche du palmier dattier : *Parlatoria blanchardi* Targ.

3.1.1. Position systématique

La position systématique de la cochenille blanche est la suivante :

- Classe : Insecte
- Ordre : Homoptera
- Super famille : Coccidae
- Famille : Diaspididae
- Sous famille : Diaspidinae
- Genre : *Parlatoria*
- Espèce : *Parlatoria blanchardi*

3.1.2. Cycle biologique

Les œufs disposés sous le follicule maternel ou au contact du corps sont en nombre de sept à huit, onze pour SMIRNOFF (1954) et quinze pour LAUBEDO et BENASSY(1969).

Ils sont allongés, de couleur mauve rose pâle, à enveloppe externe très délicate, il mesure 0,04 mm de diamètre environ. Les œufs sont groupés et accolés entre eux par une pruinosité sécrétée par les glandes périvulaires. Leur période d'incubation est de trois à cinq jours (SMIRNOFF, 1957a).

Après fixation, la larve du premier stade (L1) s'élargit, s'aplatit et secrète un bouclier protecteur blanc qui devient graduellement brun puis presque noir (SMIRNOFF, 1957 b ; SMIRNOFF, 1951 ; BALACHOWSKY et KAUSSARI, 1956 ; BALACHOWSKY, 1951b et BALACHOWSKY, 1953). À ce stade, il est impossible de différencier les sexes.

Au bout de quelque temps, environ une semaine, les larves du premier stade muent en larves de deuxième stade L2 (Figure 4), celles-ci sont apodes, la différenciation des sexes apparaît nettement à ce stade.

La larve du deuxième stade femelle est semblable à la forme adulte, mais plus réduite. Elle diffère aussi par l'absence de vulve. La larve du deuxième stade mâle est allongée et possède des taches oculaires pourpres. Chez la larve du deuxième stade mâle et femelle, le pygidium glandifère (Figure 5) apparaît, il constitue avec les différentes autres glandes à la confection du bouclier.

Après une semaine environ, les larves du deuxième stade subissent une mue pour former le stade imaginal chez la femelle. En effet, celle-ci passe uniquement par deux mues. La troisième sécrétion dite " sécrétion adulte " termine la confection du bouclier qui acquiert sa taille et sa forme définitive.

Quant au mâle, il subit des transformations plus complexes, il passe par cinq stades pour acquérir la forme adulte. La larve du deuxième stade mâle subit une mue et devient pronymphe, celle-ci se distingue nettement au stade précédent. Elle est caractérisée par la formation des ébauches oculaires, des pattes et de l'allongement de l'extrémité abdominale. Cette nymphe jeune possède des antennes, des ailes et des pattes développées mais repliées contre le corps. Le stylet copulateur est parfaitement apparent. La nymphose se produit sous le bouclier, la nymphe toujours immobile se transforme en imago et quitte le bouclier par une fente médio-dorsale.

Le cycle du mâle diffère totalement de celui de la femelle (TOURNEUR et LECOUSTRE, 1975). Les mues de la pronymphe et de la nymphe sont rejetées à l'intérieur du bouclier (BENASSY, 1958).
Enfin, l'étude du cycle biologique de la cochenille blanche n'est peut être significativement valable, que si elle se poursuit sur plusieurs années (MADKOURI, 1975).

3.1.3. Nombre de générations

Selon SMIRNOFF (1954b) et MADKOURI (1975), *P. blanchardi* évolue en quatre générations par an au Maroc et la durée d'une génération est plus ou moins longue selon le biotope considéré.

Pour TOURNEUR et LECOUSTRE (1975), le cycle de *Parlatoria blanchardi* s'effectue presque sans interruption au cours de l'année.

Dans certains biotopes, la cochenille arrive jusqu'à sept générations par an. Pour HOCEINI (1977), en Algérie et dans la région de Biskra, il s'agirait de deux générations par an ; une génération hivernale et l'autre printanière. A Ouargla, 3 générations ont été constatées (IDDER, BOUSSAID et MAACHE, 2000).

3.1.4. Dégâts

Les *coccidés sont* des insectes dont le régime alimentaire est strictement opophage, ils s'alimentent exclusivement au dépend de la sève et plus particulièrement la sève élaborée (BALACHOWSKY, 1932).

La cochenille se nourrit de la sève qu'elle aspire à l'aide de son rostre, et en chaque point d'alimentation, l'insecte injecte une certaine quantité d'une toxine qui altère la chlorophylle. (MUNIER, 1973).

DELASSUS et PASQUIER (1931) signalent qu'un palmier moyen de dix à quinze ans fortement envahi par la cochenille porte quelques 180 millions d'individus. De même, l'encroûtement des palmiers-dattiers par les cochenilles entrave la photosynthèse et la respiration (TOUTAIN, 1972).

Les conséquences générales sont : un vieillissement rapide et une mort prématurée des palmes, la plante s'épuise et végète et si elle ne meurt pas, sa production est considérablement réduite de 50 à 60 %. Les dattes envahies se développent mal et se dessèchent sans atteindre leur complète maturité. La cochenille blanche peut entraîner la mort des jeunes palmiers et affaiblit les arbres les plus âgés (MUNIER, 1973).

SMIRNOFF(1952) rapporte qu'à ERFORD au Maroc, 70 à 80 % de la récolte des dattes s'avèrent impropres à la consommation humaine.

IDDER en 1986 a observé lors d'une tournée au Sud Est et au Sud Ouest algérien qu'aucun palmier n'est indemne de l'attaque de la cochenille blanche.

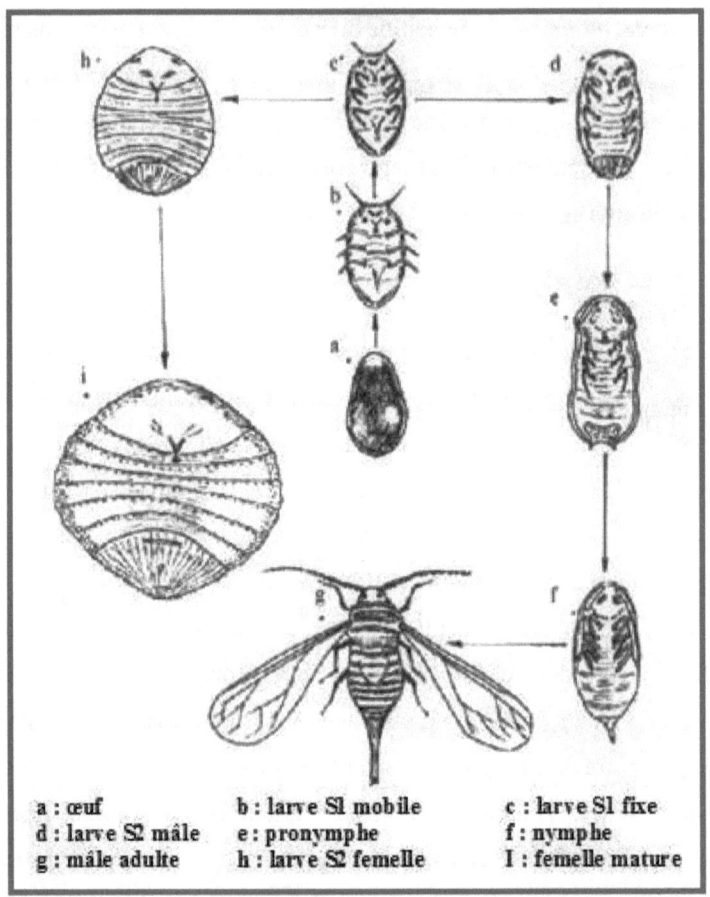

a : œuf   b : larve S1 mobile   c : larve S1 fixe
d : larve S2 mâle   e : pronymphe   f : nymphe
g : mâle adulte   h : larve S2 femelle   I : femelle mature

Figure 4. Cycle biologique de la cochenille blanche du palmier dattier
(IDDER et *al.*, 2000)

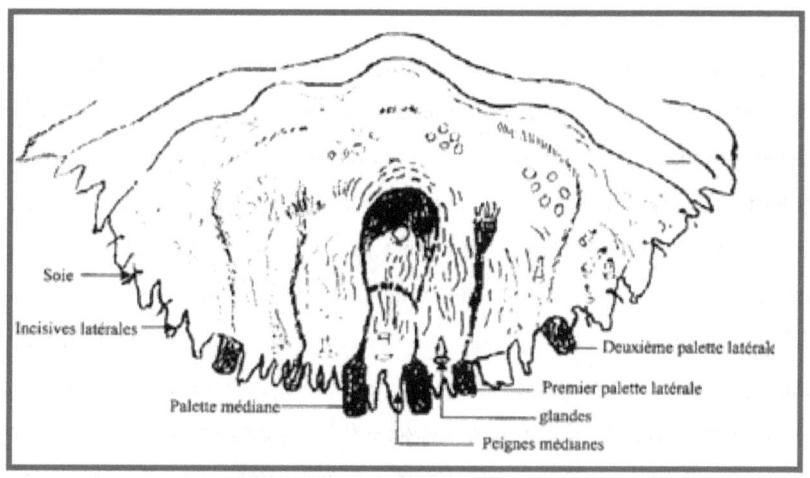

Figure 5. Pygidium de la femelle adulte de la cochenille blanche (x 1000) (BALACHOWSKY, 1953)

3.1.5. Moyens de lutte

Afin de lutter contre la cochenille du palmier-dattier, plusieurs méthodes ont été préconisées dans ce sens, nous énumérons les plus pratiquées.

3.1.5.1. Moyens culturaux et physiques

Selon PAGLIANO (1934), la lutte consiste en un élagage des palmes, il peut être partiel et ceci en coupant et en brûlant les palmes extérieures couvertes de cochenilles ou alors totale dans les cas les plus graves, lorsque le sujet est lourdement chargé de cochenilles. Dans ce cas, le sujet est soumis à un traitement énergétique.

Le flambage consiste à éliminer les palmes de la couronne extérieure fortement infestées et de les brûler au pied de l'arbre même. Cette méthode a donné des résultats spectaculaires en Tunisie, mais le danger réside dans le fait que cette pratique peut entraîner la mort de l'arbre par excès de chaleur (IDDER et al, 2007)

3.1.5.2. Lutte chimique

D'après DELASSUS et PASQUIER (1931), les pulvérisations insecticides peuvent être appliquées sur les jeunes dattiers dont le développement restreint permet une atteinte facile de toute la surface foliaire. Les produits utilisés sont les bouillies sulfocalciques à 7% et également les pulvérisations d'acide sulfurique et de sulfate de fer. Les huiles jaunes et blanches sont également utilisées.

D'après MARTIN (1965), la lutte chimique est possible mais doit être appliquée avec beaucoup de prudence. En Libye, les meilleurs résultats ont été obtenus avec le Diazinon émulsion à 0,05 % de matière active avec ou sans mouillant ainsi qu'avec le Parathion émulsion à 0,05 % de matière active. Un taux de mortalité de 90 à 97% a été obtenu par l'utilisation de ces produits.

3.5.1.3. Lutte biologique

L'utilisation d'insectes prédateurs occupe depuis fort longtemps une place prépondérante tant par le nombre d'applications que par celui des résultats obtenus (SELLIER, 1959) ; (JOURDHEUIL, 1978) ; (NENON, 1981). A titre d'exemple, des résultats spectaculaires ont été obtenus en République Islamique de Mauritanie par l'utilisation de *Chilocor*us bipustulatus L variété iraniensis en vue de lutter contre. *Parlatoria blanchardi* (IPERTI et BRUN, 1969).

Des lâchers de *Pharoscymnus semiglobosus* dans les palmeraies d'Ouargla ont conduit à des résultats encourageants, atteignant des taux de prédation de 23% (IDDER et *al.,* 2006).

3.2. La Pyrale des dattes Ectomyelois ceratoniae (Zeller) (Lepidoptera, Pyralidae)

La pyrale des dattes *Ectomyelois ceratoniae* est considérée comme étant le déprédateur le plus redoutable de la datte. Elle constitue une contrainte principale à l'exportation (DOUMANDJI, 1981; DOUMANDJI-MITICHE, 1983; IDDER, 1984; BOUAFIA, 1985; RAACHE, 1990 ; BENADDOUN, 1987 ; HADDAD, 2000 ; SAGGOU, 2001 ; HADDOU 2005).

3.2.1. Position systématique

La position systématique de la pyrale des dattes est la suivante :

- Classe : Insecte
- Ordre : Lépidoptère
- Famille : Pyralidae
- Sous famille : Physcitinae
- Genre : *Ectomyeloïs*
- Espèce : *Ectomyeloïs ceratoniae*

3.2.2. Cycle biologique

Ectomyeloïs ceratoniae est un micro lépidoptère, qui accompli son cycle biologique par le passage de différents stades : adulte, œuf, chenille, Nymphe (figure 6).

D'après GOTHILF (1969), les émergences des adultes ont lieu dans la première partie de la nuit. Les papillons s'accouplent à l'air libre ou même à l'intérieure des enclos où ils sont nés sans avoir besoin de voleter au préalable. La copulation est relativement longue, elle dure plusieurs heures (WERTHEIMER, 1958). Une femelle émet en moyenne de 60 à 120 œufs qui éclosent trois à quatre jours après cette ponte (LE BERRE, 1978).

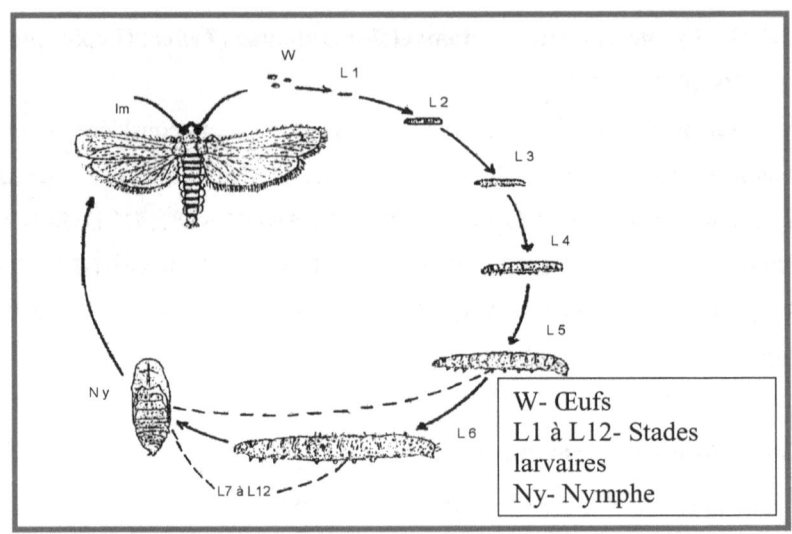

Figure 6. Cycle biologique d'*Ectomyeloïs ceratoniae*
(DOUMANDJI- MITICHE, 1983)

Selon WERTHEIMER (1958), la chenille néonate aussitôt après sa naissance, cherche un abri et de la nourriture. Elle fore des trous et creuse une galerie et se localise entre la pulpe et les noyaux. Cet orifice, de petite taille, est bouché par un réseau soyeux blanchâtre. La croissance des chenilles se fait par mues successives, elle dure suivant la température ambiante de 6 semaines à 8 mois (VILARDEBO, 1975). Lorsqu'elle atteint sa taille maximale, le fruit dans lequel elle se trouve est très attaqué, sa pulpe est remplacée par des excréments, des fils de soie et des capsules, reliquat des différentes mues. La chenille du dernier stade tisse un cocon soyeux et elle se transforme en nymphe qui présente toujours la tête tournée vers l'orifice qui se situe au niveau du pédoncule operculé par de la soie. Ainsi, au moment de l'émergence, le papillon n'aura à fournir qu'un léger effort pour s'échapper (DOUMANDJI-MITICHE, 1977). D'après LEPIGRE (1961) et LEPIGRE (1963) la nymphose a une durée indéterminée. L'imago qui en résulte à une durée de vie de 3 à 5 jours pendant laquelle il va s'accoupler et pondre. Il est extrêmement rare de trouver dans la même datte deux larves d'*Ectomyeloïs ceratoniae*, cela est dû au phénomène de cannibalisme qui caractérise cette espèce (LE BERRE, 1978).

3.2.3. Nombre de générations

La pyrale des dattes est une espèce polyvoltine chez laquelle, dans des bonnes conditions, quatre générations peuvent se succéder au cours de l'année. Mais en fait ce nombre de générations varie de 1 à 4 en fonction des conditions climatiques et de la plante hôte (DOUMANDJI, 1981). Selon WERTHEIMER (1958), trois générations importantes se succèdent au cours de l'année, et une quatrième génération existe parfois.

3.2.4. Dégâts

Depuis plusieurs dizaines d'années *Ectomyeloïs ceratoniae* constitue l'un des principaux déprédateurs qui occasionne des dégâts considérables sur les dattes. WERTHEIMER (1958) rapporte un pourcentage d'attaque supérieur à 10% et pouvant atteindre 30% en Afrique du Nord. Pour MUNIER (1973), le pourcentage de fruits véreux à la récolte est de 8 à 10%, mais cette proportion peut être plus élevée jusqu'à 80%. DOUMANDJI-MITICHE (1985) signale qu'au sol, le pourcentage de fruits attaqués est de 42,5% à Ouargla et augmente au niveau des lieux de stockage jusqu'à 64,7%. D'après BENADDOUN (1987), le taux d'infestation atteint 27% pour la variété Deglet Nour, alors que RAACHE (1990), a signalé un taux d'attaque pour cette variété de 67,50%.

3.2.5. Moyens de lutte

Pour contrôler les ravageurs, l'agriculture d'aujourd'hui fait appel à cinq types de méthodes de protection: la lutte chimique, la lutte biologique, la lutte physique, le contrôle génétique et le contrôle cultural. Les termes «lutte» et «contrôle» renvoient ici respectivement aux notions de thérapie et de prophylaxie pour la maitrise des ennemis de cultures (DORE et *al*, 2006). A part le contrôle génétique, toutes les autres méthodes de luttes sont utilisées en vue de limiter le développement des populations d'*Ectomyelois ceratoniae*.

3.2.5.1. Lutte chimique

Plusieurs molécules chimiques ont été utilisées. LEPIGRE (1961), a préconisé un traitement à base de DDT à 10% qui donne un pourcentage d'efficacité de 67%, mais son inconvénient est que les dattes molles fixent fortement l'insecticide. Ce produit chimique a été interdit durant les années 1970. TOUTAIN (1972) préconise l'utilisation des fumigènes au niveau des stocks, mais cette méthode n'a pas montré une grande efficacité. L'inconvénient c'est qu'elle laisse les cadavres à l'intérieur des dattes. En Tunisie, DHOUIBI (1989) a suggéré l'utilisation d'autres insecticides tels que le Malation à 2%, le Paration à 1,25%, et le Phosalon à 4%, qui ont donné de bons résultats. KNIPLING (1962) cité par (DRIDI et *al*, 2000) a proposé une méthode de lutte chimique qui se base sur l'utilisation des chimiostérilisants qui provoquent une stérilisation totale des mâles. Généralement la période d'intervention par des insecticides chimiques est au mois de Juillet-Août jusqu'à Septembre (stade Bser prés récolte) par trois traitements dont le premier et le deuxième peuvent être mixtes (Boufaroua / Ectomyelois). Toutefois, il faut noter qu'aucun produit chimique n'est accepté par les pays importateurs de dattes.

3.2.5.2. Lutte biologique

La lutte biologique semble la plus efficace. Elle a connu une grande extension surtout dans les pays européens et quelques pays asiatiques tel que le Japon (FREMY, 2000). Il s'agit de détruire les insectes nuisibles par l'utilisation de leurs ennemis naturels (DOUMANDJI-MITICHE, 1983). DOUMANDJI (1981), a donné une liste des prédateurs et des parasites d'*Ectomyeloïs ceratoniae*. Les espèces les plus utilisées en lutte biologique appartiennent à l'ordre des hyménoptères comme *Phanerotoma flavitestacea* Fischer et *Habrobracon hebetor* Say. DHOUIBI et JEMMAZI (1996) ont essayé de lutter contre la pyrale des dattes en entrepôt en Tunisie par l'utilisation de populations de parasitoïdes (*Habrobracon hebetor*). Des essaies de lâchers de *Trichogramma embryophagum* ont été entrepris dans la palmeraie de Ouargla par IDDER (1984). Les résultats sont encourageants, le taux de parasitisme des œufs d'*Ectomyeloïs ceratoniae* par les trichogrammes atteint jusqu'à 19.35% (IDDER, 1984 ; DOUMANDJI-MITICHE et IDDER, 1986).

3.2.5.3. Lutte physique

L'utilisation des radiations (Gamma) peut provoquer la mort ou la stérilité d'*Ectomyeloïs ceratoniae*. L'irradiation provoque la stérilité des mâles, mais ils gardent tout leur potentiel d'activité sexuelle. Leur accouplement entraîne de la part des femelles des pontes stériles (BENADDOUN, 1987; DRIDI et *al.*, 2000).

3.2.5.4. Contrôle cultural

Selon DORE et *al.*,(2006), le contrôle cultural est l'ensemble des adaptations du système de cultures mises en place en vue de limiter le développement des ravageurs. Cela couvre une gamme très large de choix techniques allant de la succession des cultures à l'implantation des cultures intermédiaires ou à l'association des espèces ou cultivars différents dans le même espace.

3.2.5.5. Lutte intégrée

Les différentes méthodes de lutte citées ne sont bien sûr pas exclusives les unes des autres, et le principe de leur combinaison a conduit au concept de lutte intégrée à la fin des années 1950 (FERRON, 1999). En palmeraies un modèle de lutte intégrée contre la pyrale des dattes a été conçu par IDDER (2002). Il est basé sur l'utilisation de plantes répulsives telle que le basilic, conduite du palmier dattier et de lâchers de trichogrammes.

La lutte culturale regroupe toutes les techniques de lutte dont le mode d'action primaire ne fait intervenir aucun processus biologique ou biochimique (DORE et *al*, 2006). Cette lutte se base sur plusieurs techniques :

- l'entretien et la conduite de la palmeraie et du palmier dattier, par le ramassage et l'élimination des fruits abandonnés et infestés sur le palmier dattier (cornaf, couronne, cœur) et au niveau du sol, ainsi que le nettoyage des lieux de stockage des restes des récoltes précédentes.

- L'ensachage des régimes est une technique de plus en plus utilisée. Elle permet de réduire notablement l'infestation des dattes par les populations d'*Ectomyeloïs ceratoniae* (BENOTHMAN et *al*., 1996; BOUKA et *al*., 2001).

3.3. Le Boufaroua : *Oligonychus afrasiaticus*

3.3.1. Position systématique

La position systématique du boufaroua est la suivante :

- Classe : Arachnida
- Sous classe : Acarida
- Ordre : Actinedida
- Famille : Tetranychidae
- Genre : *Oligonychus*
- Espèce : *Oligonychus afrasiaticus*

Oligonychus afrasiaticus, acarien de la famille des Tetranychidae, est présent dans toutes les palmeraies d'Afrique du Nord et du Moyen-Orient. Sa présence est remarquée dès la floraison du palmier dattier et se prolonge jusqu'au début de la production des dattes. L'acarien se localise sur les inflorescences jusqu'à la nouaison, puis surtout sur les jeunes dattes (VILARDEBO, 1975).

Ce ravageur se rencontre non seulement sur toutes les variétés de palmier dattier *Phœnix dactylifera*, mais aussi sur diverses plantes telles que *Phœnix canariensis, Cynodon dactylon, Aeleurpus littoralis* et *Convulvulus arvensis*. La présence de cet acarien a été signalée sur les différentes parties du palmier dattier (folioles, cœur, palmes, lif, cornaf, dattes non fécondées, rejets, plantules issues de graines, jeunes feuilles de djebbars) et également sur les cultures sous jacentes (feuilles de vigne, de figuier, de citrus, feuilles et rameaux de grenadier, de pastèque, d'aubergine, de concombre, de piment, de tomate et de plantes adventices).

Les tétranyques phytophages piquent les cellules du parenchyme du fruit et en absorbent le contenu. Ils s'alimentent grâce à leurs pièces buccales styliformes qui pénètrent à travers l'épiderme du fruit vert. Cet épiderme est alors détruit, devient rugueux et prend une teinte légèrement rougeâtre. Les fruits attaqués sont impropres à la consommation et à la commercialisation (COUDIN et GALVEZ, 1976).

3.3.2. Cycle biologique

Cet acarien appartenant à la famille des *Tetranychidae*, il est présent dans toutes les palmeraies d'Afrique du Nord et du Moyen Orient.

L'espèce a été longtemps confondue avec *Paratetranychus simplex* présente uniquement en Afrique (GUESSOUM, 1985). D'après VILARDEBO (1975) la présence de l'acarien est remarquée pendant la période de ponte sur les inflorescences, ce qui nous conduit à dire que le moment de la ponte correspond à la floraison (nouaison) et se prolonge jusqu'à ce que le palmier dattier entre en production (ponte sur les dattes encore vertes et même sur dattes non fécondées).

A partir de la nouaison, l'acarien se localise avant tout sur les jeunes dattes. La femelle dépose ses œufs auxquelles ils sont collés fortement à l'aide d'une substance qu'elle sécrète.

Selon COUDIN et GALVEZ (1976), seules quelques femelles sont à l'origine de la colonisation d'un régime. La population augmente très vite, pouvant atteindre en quelques semaines, une densité supérieure à 100 individus par régime. Après que la toile ait recouvert tout le régime, les acariens sont si nombreux qu'elle prend un aspect blanchâtre, grâce aux mues emprisonnées.

Chaque femelle pond de 50 à 60 œufs, parfois une centaine pendant une période allant de juin à août. Presque 5 à 10 œufs sont déposés par jour durant une période de 8 à 12 jours (ANDRE, 1932).

Les œufs sont relativement grands par rapport à la taille de l'acarien. Ils présentent un diamètre d'environ 0,16mm. Leur coloration est claire aussitôt après la ponte, puis deviennent peu à peu opaques pendant l'incubation (LEPESME, 1947). La forme est sphérique. Ces œufs éclosent 3 à 4 jours après la ponte, puis la première forme larvaire est mise en liberté. La larve se caractérise par une forme globuleuse et la présence de 3 paires de pattes. Elle est incolore et très active. Elle se nourrit immédiatement, après sa couleur devient foncée et prend une teinte verdâtre.

Le céphalothorax et l'abdomen sont plus ou moins séparés par une ligne suturale transversale (ANDRE, 1932).

Après 2 jours d'activité, la larve entre en repos, elle mue pour la première fois, donnant la « protonymphe » avec 4 paires de pattes, un peu grande et la couleur plus foncée que la larve. Cette première nymphe se caractérise par l'allongement de l'abdomen, aucun indice de sexe n'est remarqué. Après 2 jours, une deuxième mue donnant la « deutonymphe » qui ne se rencontre que dans le cas de la femelle et ressemblant à l'adulte (Figure 7). Une fois les adultes formés, l'accouplement est immédiat.

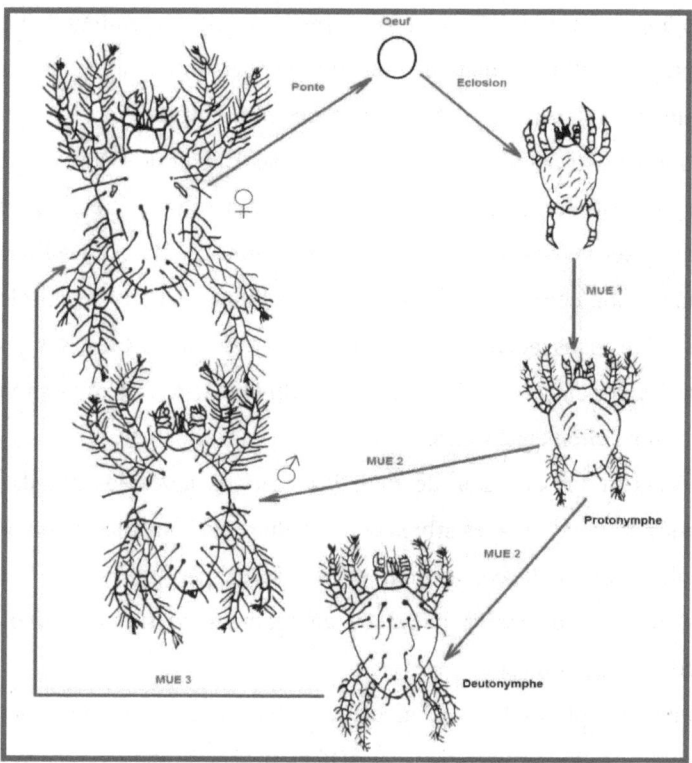

Figure 7. Cycle biologique d'*Oligonychus afrasiaticus* (IDDER, 1991)

La durée du cycle biologique est variable. Il dépend essentiellement de la température. Pour cela en période chaude, le cycle est de 10 à 15 jours.

D'après DHOUIBI (1991), le cycle biologique en conditions favorables, est de l'ordre de 10 à 15 jours. Une femelle peut pondre jusqu'à 30 œufs, à une température de 35°C et humidité relativement variant de 50 à 60%.

La durée d'incubation est de 2 à 3 jours. La durée larvaire est de 2 jours. La durée de protonymphe est de 1 à 2 jours. La durée de deutonymphe est de 1 à 2 jours. Les femelles adultes au milieu de l'été ont une longévité d'une vingtaine de jours tandis qu'en hiver, elle est de plusieurs mois. Les mâles ont une existence plus courte.

Le Boufaroua : *O. afrasiaticus* passe l'hiver à l'état de femelle adulte, Sur palmier, dans la fibre qui garnit la partie supérieure des stipes, sur mauvaises herbes, sur d'autres plantes et sur le sable. ANDRE (1932) a rencontré dans certaines localités où les palmiers dattiers se développent sur le sable, sans aucune végétation au bas de ces arbres, les acariens passant l'hiver dans ce sable au pied de palmier. Après, ils migrent vers les régimes nouvellement formés.

Vers la fin du mois de mai, les acariens après les grands froids nocturnes, migrent vers les arbres pour produire de nouvelles colonies.

La multiplication de cet acarien est favorisée par une période chaude, durant les mois de mai à juillet ou au moment du sirocco venant des contrées brûlantes du sud.

L'absence de pluies et la chaleur excessive constituent des conditions favorables à sa prolifération (ANDRE, 1932) L'attaque généralement commence dans les palmeraies insuffisamment arrosées.

C'est dans les palmeraies sèches on insuffisamment irriguées que l'on rencontre le plus de *Tétranyques*. Dans celles qui sont bien arrosées, le développement de ces acariens est sans doute empêché ou tout au moins retardé par l'humidité et aussi par la présence du sel déposé par l'eau d'irrigation (ANDRE, 1932).

La reproduction et le développement des Tétranyques sont favorisés et hâtés par une saison chaude et sèche.

Durant l'été, il y a prédominance de femelles, mais dès l'approche des temps froids, les deux sexes semblent se rencontrer en nombre presque égal. La durée de vie chez les femelles adultes varie d'une vingtaine de jours au milieu de l'été à plusieurs mois en hiver.

3.3.3. Nombre de générations

Une vingtaine de générations peuvent prendre place dans l'année (MUNIER, 1973). Les générations estivales peuvent subsister trois semaines en moyenne quand les conditions sont favorables. La dernière génération de l'année a une longévité pouvant atteindre cinq mois, ce qui lui permet de passer l'hiver (LEPESME, 1947).

Si les œufs sont fertiles, la descendance sera de sexe mâle et femelle, mais s'ils sont haploïdes (non fécondés) on n'aura que des mâles (parthénogenèse) (YOUMBAI, 1994).

Les générations qui se succèdent en été, peuvent vivre en moyenne 3 semaines quand les conditions sont favorables. La génération qui apparaît la dernière, à la fin de la saison chaude, a une longévité atteignant cinq mois, ce qui lui permet de durer tout l'hiver. Les mâles ont une existence plus courte (ANDRE, 1932).

3.3.4. Dégâts

Le taux d'infestation varie entre 30 et 70% (GUESSOUM, 1985). Le seul moyen de lutte utilisé à ce jour est un traitement chimique à base d'une poudre composée de soufre et de chaux. Mais ces traitements chimiques ne sont pas sans conséquences sur la biodiversité de la faune, ce qui est particulièrement néfaste dans le milieu très fragile de la palmeraie. Ils pourraient donc avantageusement être remplacés par des méthodes de lutte biologique, qui de plus se révèlent souvent moins onéreuses.

En Tunisie, des lâchers d'un acarien prédateur introduit, *Neoseiulus califormicus* (Mc Gregor), ont été entrepris pour lutter contre *Oligonychus afrasiaticus*. Celui-ci est commercialisé par la société Koppert et son représentant local, la société ChimicAgri. Un effet significatif a été enregistré sur le taux d'infestation, et la qualité des fruits a été meilleure (KHOUALDIA et *al*., 2001). Plusieurs autres ennemis naturels de cet acarien ont été signalés, et notamment la coccinelle *Stethorus punctillum* (IPERTI, 1961 ; FAUVEL, 1974 ; SAHRAOUI, 1988 ; SNOUSSI, 1989 ; REBOULET, 1999 ; ROY et *al*., 2002).

Il semble que ce prédateur soit performant vis-à-vis du Boufaroua, et nous avons donc jugé utile de tester l'efficacité de populations locales à Ouargla. Nous avons auparavant estimé les taux d'infestation des dattes par le Boufaroua aux différents stades phénologiques des fruits.

3.3.5. Moyens de lutte

Afin de préserver la production de dattes contre les redoutables attaques de Boufaroua, la protection phytosanitaire du patrimoine phœnicicole s'avère indispensable. L'acarien pique les fruits qu'il agglomère entre eux dans un réseau lâche de filaments soyeux. Le fruit se dessèche, se ride et se creuse, même faiblement atteint. Il ne peut être exporté en raison de son aspect papyracé peu présentable (LEPESME, 1947).

Les moyens de défense contre les Tétranyques doivent être en relation étroite avec la biologie de chaque espèce notamment avec son mode d'hibernation (ANDRE, 1932). La lutte contre *Oligonychus afrasiaticus* se présente sous plusieurs formes.

3.3.5.1. Mesures prophylactiques

Pour une meilleure efficacité de la lutte en palmeraie, surtout la lutte chimique, certaines mesures prophylactiques sont nécessaires telles que :

- Eviter des trop fortes densités des dattiers
- Arrachage à la récolte des dattes non fécondées, ramassage régulier des fruits tombés à terre et l'application des traitements préventifs après la nouaison peuvent entraver le maintien et l'installation de l'acarien sur les jeunes fruits.
- Elimination et destruction des plantes adventices hôtes du Boufaroua (notamment le chiendent)
- Ne pas négliger la fumure et le drainage (LEPESME, 1947)

D'après BOUAFIA (1985), et concernant *O. afrasiaticus*, d'une manière générale pour un bon état phytosanitaire des palmeraies contre le Boufaroua, il faudra retenir ce qui suit :

- Il faut un inventaire de la flore spontanée et des plantes cultivées hébergeant l'acarien, pour dresser la liste des plantes hôtes de ce ravageur.
- Etablir la liste des plantes par ordre préférentiel de ce ravageur.
- Définir la provenance des premières infestations sur les dattes (sources d'infestations primaires).
- Déterminer la période d'installation des premières colonies de l'acarien sur les dattes et le stade phénologique correspondant à la culture en question.
- Contrôler l'évolution des populations de l'acarien dès leur installation sur les dattes.
- Déterminer l'importance de l'attaque de l'acarien sur les fruits notamment en début de l'attaque.

3.3.5.2. Lutte curative (chimique)

La lutte curative, en palmeraie, par l'utilisation des produits phytosanitaires demeure inefficace si l'on ne tient pas compte des mesures prophylactiques citées précédemment.

La lutte curative préconisée par PASQUIER en (1964), est réalisée par le poudrage de soufre.

Le soufre est mélangé avec de la chaux ou du plâtre ou encore des cendres tamisées pour faciliter l'épandage (MUNIER, 1973). De même, la chaux joue un rôle d'un adhérent parfait.

Les doses sont de 1/3 de soufre, 2/3 chaux. Le traitement doit se faire sur les régimes et le cœur des palmiers dès l'apparition des premiers acariens (fin mai – début juin).

Un second traitement est nécessaire deux à quatre semaines plus tard pour atteindre les larves issues des œufs ayant résistés au premier traitement.

Rien n'empêche de réaliser de nouveaux épandages si les attaques se renouvellent (MUNIER, 1973).

Il faut éviter l'utilisation d'autres acaricides sans étude faite préalablement. En effet, ceci risque d'avoir des effets toxiques sur les prédateurs, l'accoutumance et la résistance aux produits chimiques surtout chez l'acarien qui à chaque génération acquiert de nouveaux pouvoirs de résistance aux produits chimiques.

Chapitre 4. Description des espèces utilisées en lutte biologique à Ouargla

4.1. La lutte biologique

Il est possible de diviser les moyens ou méthodes de la lutte biologique en deux catégories, celle qui n'a pas recours à des auxiliaires et celle qui y a recours (DEDACH et ROSEN, 1991).

Les méthodes n'ayant pas recours à des auxiliaires regroupent l'utilisation de la résistance des plantes, l'épandage d'extraits végétaux et la lutte par confusion sexuelle.

Il s'agit essentiellement de la lutte autocide ou l'utilisation de la stérilité mâle, la lutte génétique ou variétale (PINTUREAU, 2009a ; VINCENT et CODERRE, 1992 ; STOCKEL, 1979).

Les méthodes ayant recours à des auxiliaires regroupent les virus (ANONYME, 1973 ; PURRINI *et al*, 1988), les bactéries entomopathogènes (DUTKY et WHITE, 1940 ; DOUMANDJI-MITICHE et DOUMANDJI, 1993 ; KOUASSI, 2001 ; KADIK et HAMMOUDI, 1976 ; GREATHEAD *et al*, 1994), les protozoaires (POINAR *et al.*, 1985 ; ANDREADIS, 1987 ; CLOUTIER et CLOUTIER, 1992 cités par PINTUREAU, 2009), les nématodes (CAYROL et COMBETTES, 1972 ; ZOUIOUICHE, 1993), les microchampignons (MARTIN, 1965 ; FERRON, 1999), les vertébrés entomophages (BALACHOWSKY, 1951a), l'utilisation des prédateurs (BALASHOWSKY, 1925 ; SMIRNOFF, 1953 ; JOURDHEUIL, 1978 ; CHAZEAU, 1979 ; DEBACH et ROSEN, 1991 ; VINCENT et CODERRE, 1992 ; CLOUTIER et CLOUTIER, 1992 ; DOUMANDJI-MITICHE et DOUMANDJI, 1993; MOULAI, 1994 ; REBOULET, 1999 ; IDDER et PINTUREAU, 2009b) ainsi que l'utilisation des parasites et des parasitoïdes (MARCHAL, 1936 ; IPERTI, 1961 ; DOUMANDJI-MITICHE, 1983 ; DOUMANDJI-MITICHE, 1985 ; RAYNAUD, 1985 ; KABIRI et *al*, 1990 ; DEBACH et ROSEN, 1991 ;

VINCENT et CODERRE, 1992 ; HAWLITZKY, 1992 ; JOURDHEUIL et *al.*, 1992 ; PINTUREAU, 1993 ; QUICKE, 1997; PINTUREAU, 1998 ; REBOULET, 1999 ; TABONE et *al.*, 1999 ; JOURDHEUIL et *al.*, 1999 ; FRANDON et *al.*, 2002 ; PINTUREAU, 2006 ; PINTUREAU, 2009a ; PINTUREAU, 2009b ; IDDER et *al.*, 2009 ; PINTUREAU, 2009b).

Nous avons utilisé dans le cadre de notre travail *Pharoscymnus ovoïdeus et Pharoscymnus numidicus* pour lutter contre *Parlatoria blanchardi*, *Stethorus punctillum* pour combattre *Oligonychus afrasiaticus* et *Trichogramma cordubensis* contre *Ectomyelois ceratoniae.*

4.2. Les espèces utilisées en lutte biologique en palmeraies à Ouargla

Parmi les auxiliaires prédateurs et parasitoïdes, que nous avons utilisé en lutte biologique, les coccinelles occupent une place importante (Figure 8).

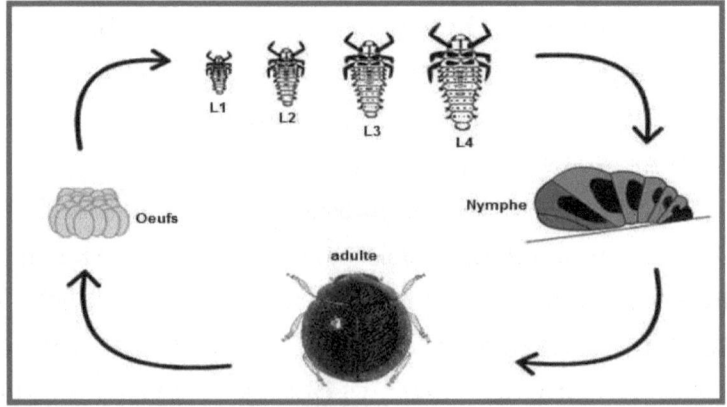

Figure 8. Cycle évolutif d'une coccinelle du genre *Pharoscymnus.*
(MAHMA, 2003 modifié)

4.2.1. *Pharoscymnus ovoïdeus* Sicard, 1929

Espèce coccidophage, se nourrissant essentiellement de *Parlatoria blanchardi* dans le Sud algérien. Très active au printemps, en été et en automne. L'adulte est présent toute l'année sur le palmier dattier. Cohabite avec *Pharoscymnus numidicus* et présente des caractéristiques bioécologiques similaires (DJOUHRI, 1994).

4.2.1.1 Systématique

Selon SAHARAOUI et GOURREAU (1998), la position systématique de *Pharoscymnus ovoïdeus* est la suivante :

- Ordre : Coleoptera
- Sous-ordre : Polyphaga
- Famille : Coccinellidae
- Sous famille : Sticolotidinae
- Tribu : Sticolotidini
- Genre : *Pharoscymnus*
- Espèce : *Pharoscymnus ovoïdeus*

4.2.1.2. Description C'est une espèce au corps ovale, légèrement arrondi, convexe, finement ponctué, pubescent, mesurant entre 1,7 à 1,8 mm de long et 1,2 à 1,3 mm de large (Figure 9) (SAHARAOUI, 1988).

4.2.1.2.1. Tête

La tète de *Pharoscymnus ovoïdeus* est très étirée latéralement, portant une lame plus ou moins rectiligne en avant. Les yeux sont glabres profondément échancrés par les joues près de l'insertion antennaire. Le front est pubescent souvent noir chez la femelle, rouge-brunâtre à sombre chez le mâle. Les antennes sont très courtes composées de deux articles, de couleur rouge-brunâtre, les articles du 3éme au 7éme sont réduits et uniformes, le 9éme plus allongé et le dernier est peu visible ; Palpes maxillaires brunâtres, à segment en forme de cône (SAHARAOUI, 1988).

4.2.1.2.2. Pronotum

Le pronotum est de couleur rouge-brunâtre parfois sombre ou noire, très étiré latéralement environ cinq fois plus petit que la largeur des élytres.

Les angles antérieurs sont échancrés et avancés, les postérieurs arrondis et plus ou moins avancés. Le bord postérieur est rectiligne et appliqué sur la base des élytres. La ponctuation est fine et dense (SAHARAOUI, 1988).

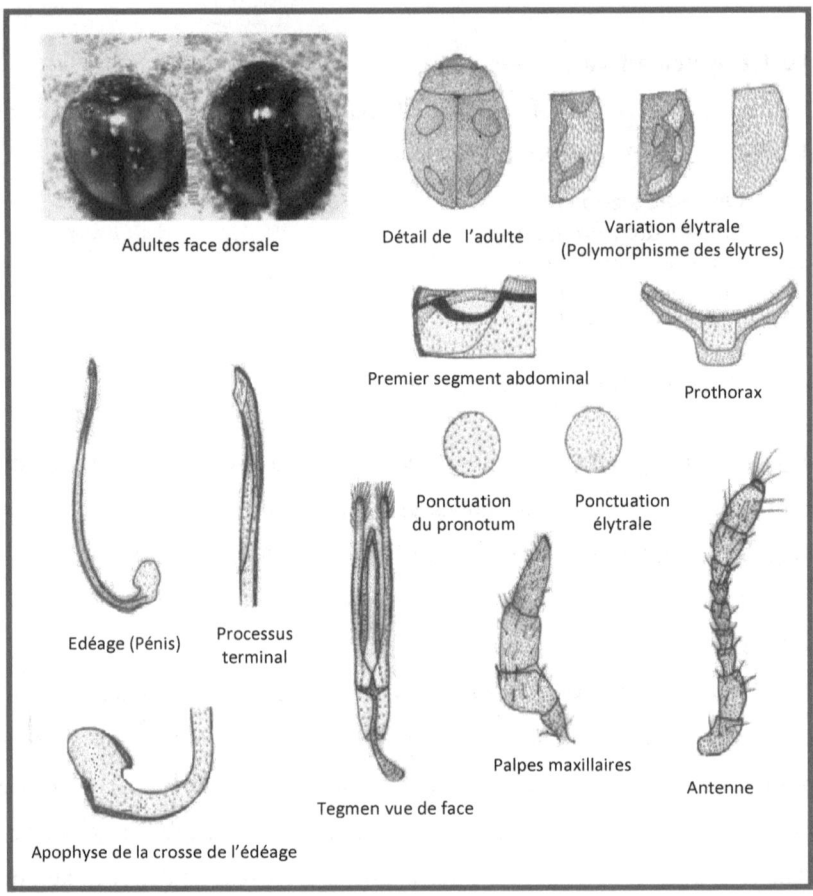

Figure 9. Caractères morphologiques et anatomiques de *Pharoscymnus ovoïdeus* SIC. (SAHARAOUI, 1988)

4.2.1.2.3. Elytres

Ils sont de couleur noire ou rouge-brunâtre parfois plus foncée, ornés chacun de deux taches rouges-oranges ou sombres, très visibles chez les individus noirs, confondues lorsque les élytres sont rouges-brunâtres. La tâche supérieure souvent pentagonale allongée, oblique de haut en bas et dehors en dedans, située sous le calus huméral, tout près du bord postérieur des élytres sans l'atteindre. Chez certains individus les tâches sont pentagonales ou ovales irrégulières non allongées, celles supérieures sont toujours plus grandes (SAHARAOUI, 1988).

4.2.1.2.4. Face sternale

Elle est de couleur rouge-brunâtre, parfois plus foncée, métasternum souvent noir. Epipleurs rouges-brunâtres, 5 à 6 fois plus petites que la largeur du corps. Le Prosternum est très étroit latéralement, plus ou moins large au milieu, base assez large et sombre. Les deux carênes, forment avec le bord supérieur un rectangle assez large. Les lignes fémorales du premier segment abdominal sont complètes, descendant obliquement jusqu'environ les 4/5 du bord postérieur du sternite, puis remontent tout le long du coté latéral et s'annulent vers le bord antérieur du segment (SAHARAOUI, 1988) (Figure 9).

4.2.1.3. Régime alimentaire

Pharoscymnus se nourrit essentiellement de cochenilles (coccidiphage). Dans le cas où cette nourriture arrive à manquer, la coccinelle peut adopter le régime acariphage (IDDER et PINTUREAU, 2009).

4.2.1.4. Longévité des adultes.

La longévité des adultes de *Pharoscymnus ovoïdeus* est généralement d'un mois, mais elle varie en fonction des conditions du milieu et d'alimentation allant de 20 jours à 2 mois.

4.2.1.5. Durée du cycle

Selon IPERTI et BRUN, (1969) la durée totale moyenne du cycle biologique de *Pharoscymnus ovoïdeus* est de 30 à 35 jours à 30° C de température, 40 à 50% de l'humidité relative de l'air et 18 heures de lumière.

La durée des différents stades est la suivante :

- Incubation des œufs : 7-8 jours

- Premier stade larvaire : 4-5 jours

- Deuxième stade larvaire : 2-3 jours

- Troisième stade larvaire : 4-5 jours

- Quatrième stade larvaire : 3-4 jours

- Pré-nymphe : 2 jours

- Nymphe : 6-7 jours

4.2.2. *Pharoscymnus numidicus* (Pic, 1900).

C'est une espèce coccidiphage, largement répandue au Sud algérien et absente au nord du pays. Biologiquement, elle est très proche de l'espèce *Pharoscymnus ovoïdes*. Elles cohabitent souvent ensemble sur le palmier dattier où elles se nourrissent essentiellement de cochenilles blanches : *Parlatoria blanchardi.* (Figure 10).

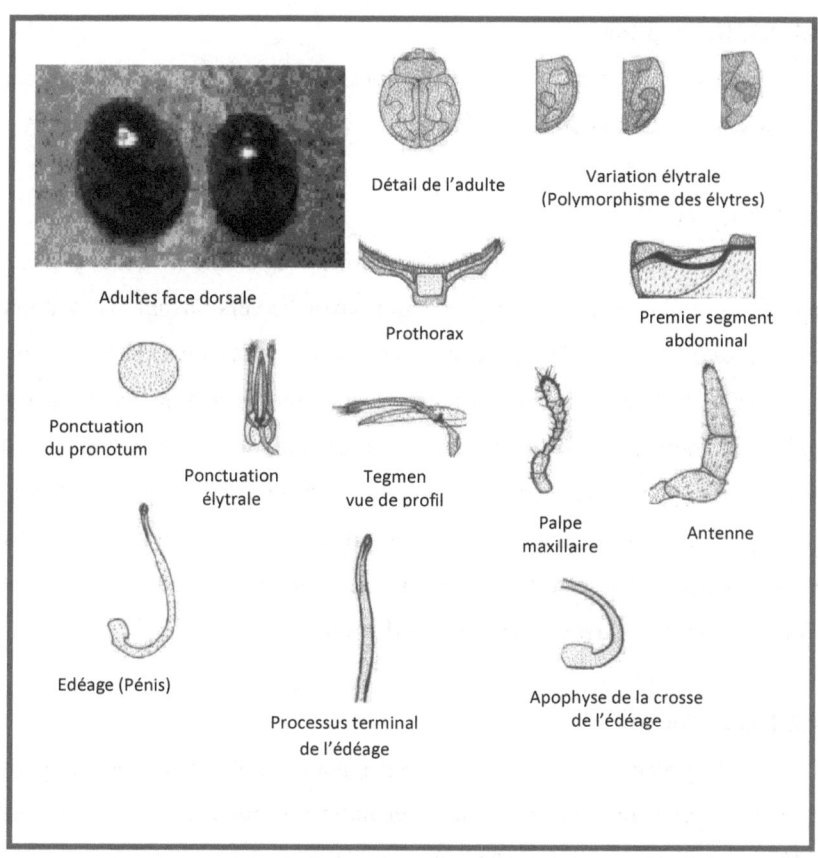

Figure 10. Caractères morphologiques et anatomiques
de *Pharoscymnus numidicus* Pic. (SAHARAOUI, 1988)

4.2.2.1. Systématique

D'après SAHARAOUI et GOURREAU (1998), la systématique de

Pharoscymnus numidicus est la suivante :

- Ordre : Coleoptera
- Sous-ordre : Polyphaga
- Famille : Coccinellidae
- Sous famille : Sticolotidinae
- Tribu : Sticolotidini
- Genre : *Pharoscymnus*
- Espèce : *Pharoscymnus numidicus*

4.2.2.2. Description

Espèce au corps ovale, légèrement arrondi, finement ponctué, pubescent, mesurant entre 1,7 à 1,8 mm de long sur 1,2 à 1,3 mm de large.

4.2.2.2.1. Tête

La tête plus ou moins étirée latéralement, épistome à bords latéraux parallèles et plus ou moins large, à angles arrondis vers l'avant. Yeux noirs et glabres peu profondément échancrés par les joues près de l'insertion antennaire. La base des antennes est plus ou moins visible. Le front est pubescent noir ou brun-foncé, parfois rouge brunâtre chez le mâle. Les antennes sont testacées ou rouge oranges, environ trois fois plus petites que la largeur de la tête, portant 10 articles dont le dernier très petit et peu visible. Palpe à dernier article en forme de cône plus allongé que celui de *Pharoscymnus ovoïdeus* (SAHARAOUI, 1988).

4.2.2.2.2. Thorax

Il comprend un pronotum subrectangulaire, environ quatre fois petit que la longueur des élytres, de couleur noire ou brunâtre, souvent bordée latéralement de jaune brunâtre chez les mâles, laissant apparaître une grande tache basale plus sombre atteignant souvent le bord antérieur du pronotum, mais jamais les angles postérieurs. Les angles antérieurs sont arrondis, le bord antérieur plus ou moins courbé vers le milieu, légèrement échancré vers les angles. Le bord postérieur est légèrement courbé et appliqué sur la longueur de la base élytrale. Les angles postérieurs sont arrondis et plus ou moins avancés. La ponctuation est fine et dense (SAHARAOUI, 1988).

4.2.2.2.3. Elytres

Les élytres sont plus ou moins larges en avant, de couleur rouge brunâtre parfois plus sombre, parée d'une bande longitudinale sinueuse plus claire. La forme la plus répandue porte une bande basale sombre commune aux deux élytres de part et d'autre de la suture assez large et de forme triangulaire vers l'avant. Celle-ci se rétrécie vers le milieu de la longueur de la suture, puis s'élargit ensuite légèrement vers la partie postérieure jusqu'à l'apex. La bande sinueuse longitudinale claire naissant du bord huméral descend du côté latéral, puis se prolonge jusqu'au bord sutural sans l'atteindre et redescend vers l'arrière pour rejoindre le bord du côté latéral, en se refermant. Elle laisse apparaître au milieu deux grandes taches latérales sombres souvent de forme pentagonale sinueuses. Chez certains individus, la bande longitudinale claire est assez grande descendant jusqu'environ 2/3 de la longueur du côté latéral en se refermant. Elle laisse apparaître une grande tache rectangulaire sinueuse assez longue plus sombre. Le bord sutural postérieur et sutural toujours sombre, la partie supérieure largement assombrie en forme de triangle (SAHARAOUI, 1988).

4.2.2.2.4. Face sternale

La face sternale est rouge ou sombre. Les épileurs sont 4 à 5 fois plus petits que la largeur du corps.

Le Prosternum est rouge orange, courbé vers l'avant, très étroit latéralement à contour plus foncé, les 2 carènes prosternales en forme d'un carré plus clair. Les lignes fémorales du premier segment abdominal sont complètes, naissant du bord antéro-médian, prolongeant le bord postérieur du sternite sans l'atteindre puis disparaissant sans remonter vers le côté latéral du segment (SAHARAOUI, 1988).

4.2.2.2.5. Pattes

Les pattes de *Pharoscymnus numidicus* sont de couleur rouge orange, les genoux sont plus foncés.

4.2.2.2.6. Ponte.

MAHMA en 2003 a rencontré les œufs de *Pharoscymnus numidicus* au niveau de l'insertion des folioles du palmier dattier et parfois au niveau du fibrillum du stipe de l'arbre. La moyenne du nombre d'œufs qu'il a pu compter varie entre 20 et 25, mais dans de bonnes conditions climatiques, la ponte peut être plus importante. L'incubation des œufs dure en moyenne 6 jours.

4.2.2.2.7. Voltinisme

Le nombre de générations dans les oasis algériennes est important. Il est de 5 générations par an dont la plus importante se situe au mois de mai. A partir du mois de décembre jusqu'à mi mars, c'est la diapause hivernale du prédateur. Après la ponte, les imagos meurent au printemps (SMIRNOFF, 1953).

4.2.2.3. Organes génitaux mâles

Les pièces sclérotinisées mâles (génitalia mâle) jouent un rôle primordial dans la systématique des coccinelles.

L'examen des organes génitaux mâles de cette espèce montre que le lobe médian du tégument est presque long que les styles latéraux. L'édéage est aigu, moins rétréci à son extrémité, nettement arqué ventralement et doublé d'une fine membrane (SAHARAOUI, 1988) (Figure 10).

4.2.2.4. Organes génitaux femelles

La seule pièce sclérotinisée de l'appareil reproducteur qui offre les caractères taxinomiques est la spermathèque. Cette dernière a une forme d'un tube arqué entouré d'une musculature annulaire puissante et comprend une partie antérieure formant la tête (SAHARAOUI, 1988).

4.2.2.5. Régime alimentaire

Le régime alimentaire de *Pharoscymnus numidicus* est identique à celui de *Pharoscymnus ovoideus*.

4.2.2.6. Longévité des adultes.

La longévité des adultes de Pharoscymnus *numidicus* est sensiblement la même que celle de *Pharoscymnus ovoideus*.

4.2.2.7. Durée du cycle

- Incubation des œufs : 6-7- jours
- Premier stade larvaire : 2-3 jours
- Deuxième stade larvaire : 2 jours
- Troisième stade larvaire : 2-3 jours
- Quatrième stade larvaire : 3-4 jours
- Pré-nymphe : 1-2 jours
- Nymphe : 5-7 jours

4.2.3. *Stethorus punctillum* (WEISE)

Stethorus punctillum joue un rôle très important dans la régularisation des acariens phytophages. Parmi les coccinelles prédatrices les plus importantes dans la région phœnicicole on rencontre l'espèce : *Stethorus punctillum* (Figure 11)

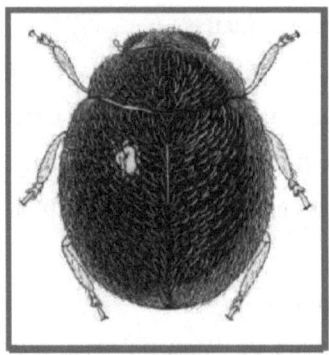

Figure 11. Adulte de *Stethorus punctillum* (x 200)
(MEBARKI, 2008)

4.2.3.1. Synonymie et position systématique

Elle est appelée :

- *Scymnus miniums*
- *Stethorus miniums* (Payle)
- *Scymnus punctillum* (Mc Murtry et *al*, 1970)
- *Stethorus pusillus* (Caillol, 1913)

Décrite pour la première fois dans le genre *Scymnus*, les *Stethorus* présentent des caractères morphologiques proches de celles de la tribu de *Stethorus* (KORSCHENSKI in GUTIERREZ, 1988)

D'après GOURREAU (1974), cette coccinelle appartient à :

- Embranchement :   Arthropodes
- Classe : Insectes
- Ordre : Coléoptères
- Groupe : Diversicornia
- Sous-groupe : Clavicornia
- Famille : Coccinellidae
- Genre *: Stethorus*
- Espèce : *Stethorus punctillum*

4.2.3.2. Répartition géographique

Le genre Stethorus n'englobe que des espèces prédatrices. Les acariens constituent la nourriture de base la plus indispensable pour leurs reproductions et leurs évolutions malgré leurs polyphagies. Elles présentent une distribution mondiale, on les trouve la où les tétranyques sont abondants.

D'après SAHARAOUI (1988) on trouve les Stethorus dans tout le territoire algérien.

De nombreux exemples de l'efficacité du *S. punctillum* vis-à-vis de certaines populations d'acariens ont été rapportés comme sur *Tetranychus telarius* en Tchécoslovaquie, Italie, Hollande, Belgique, Angleterre, Sicile et *Tetranychus turkestani* en Russie.

4.2.3.3. Adulte

Selon GOURREAU (1974), c'est une espèce de taille très petite mesurant de 1,2 à 1,5 mm de long, le corps entièrement noir, sub-hémisphérique et légèrement semi-globuleux. La tète, le pronotum et les élytres sont de couleur noire. Les antennes, la bouche et les pattes sont jaunes rougeâtres. Les fémurs médians et postérieurs sont bruns noirs à l'exception de leur partie distale qui est rougeâtre. La tête est noire et couverte d'une pubescence moyennement longue couchée vers l'avant et le centre. Les yeux sont noirs. Les palpes maxillaires et les antennes jaunâtres parfois assombries.

Le pronotum est noir, couvert d'une pubescence couchée vers le bas et les cotés légèrement tourbillonnés au centre, finement ponctués en son milieu, plus densément et plus fortement sur les cotés.

Les élytres sont à pubescence blanche grisâtre longue dirigée vers l'arrière dans la partie déclive. La ponctuation est peu dense et plus ou moins rangée.

La face sternale est noire avec prothorax légèrement bombé dans sa partie médiane et plus ou moins étroite latéralement. Les carènes posternales sont absentes laissant seulement apparaitre des empreintes au centre. Les pattes sont rouges fauves ou rouges Jaunâtres

4.2.3.4. Genitalia mâles

L'édéage à l'extrémité a la forme d'un conduit filiforme arrondi (GOURREAU 1974) (Figure 12).

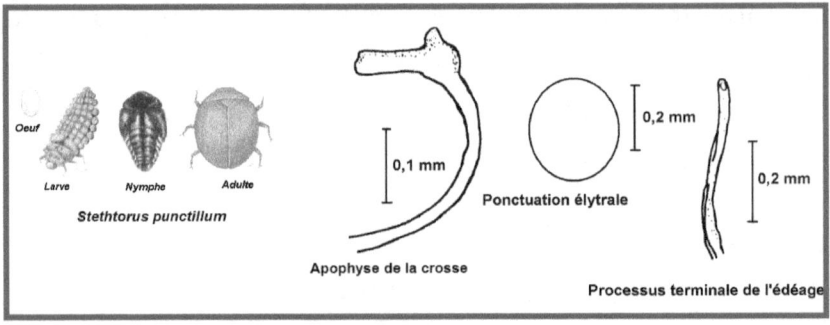

Figure 12. Cycle évolutif de *Stethorus punctillum* et Genitalia (SAHRAOUI, 1988)

4.2.3.5. Genitalia femelles

La spermathèque étant non sclérotinisée, elle ne peut donc constituer un caractère taxonomique.

Il faut signaler que cette coccinelle ne présente pas de variabilités en Algérie (SAHARAOUI, 1988) (Figure 12).

4.2.3.6. Œufs

Les œufs sont ovoïdes, les dimensions moyennes sont de 0,38 mm de longueur et de 0,18 mm de largeur.

A la ponte, les œufs ont une couleur brillante et deviennent rapidement mâts. Au cours du développement embryonnaire, le chorion montre au fort grossissement une alvéole pentagonale. Leur couleur varie du crème au jaune orange qui vire vers le gris au cours des 24 h qui précédent l'éclosion (SNOUSSI, 1989).

A ce stade, la transparence du chorion permet d'observer la segmentation de la larve. L'éclosion se fait par rupture du chorion au niveau du céphalothorax de la jeune larve (GUTIERREZ, 1988).

D'après des observations faites sous la loupe binoculaire, nous avons pu remarquer que les œufs sont déposés au voisinage des colonies d'acariens, on trouve aussi des œufs collés aux toiles tissées par les acariens qui rattachent les dattes entre elles.

4.2.3.7. Larves

Les larves de *Stethorus punctillum* sont relativement larges et présentent de fortes épines dorsales. Les larves du premier stade (L1) sont fragiles et peu actives et sont caractérisées par un déplacement lent. Elles paraissent gênées par les toiles d'acariens qui entourent les fruits de dattes. C'est le cas de l'acarien *O. afrasiaticus*. Par contre d'après SNOUSSI (1989) sur feuille de pommier, les larves sont gênées par la pilosité du feuillage.

Les quatre stades larvaires sont de coloration pâle à grisâtre avec bandelette médiane rouge orange représentant le tube digestif, le corps est toujours velu.

D'après SNOUSSI (1989), la rapidité relative des larves du deuxième, troisième et quatrième stade et de leurs robustesse permet de se nourrir des nymphes et des adultes tétranyques.

4.2.3.8. Nymphes

La nymphe est de 1,66 mm de long et de 1 mm de large. La nymphose est précédée par une phase immobile. La nymphe est d'une couleur brune rousse claire. Lors de sa formation, elle se pigmente rapidement et devient noire. Elle est fixée au substrat par la partie postérieure de l'exuvie nymphale. Elle demeure attachée par ce point même après la sortie de l'adulte (SNOUSSI, 1989).

Stethorus punctillum peut accomplir son cycle en 16 à 18 jours à une température de 29° C et 60% d'humidité.

La durée du cycle peut être de deux semaines dans les conditions de forte température et et peut atteindre trois semaines lorsque les températures sont modérées.

Dans les conditions comparables les tétranyques développent leurs cycles plus rapidement.

D'après BRAVENBOER (1959), dans les mêmes conditions, la durée du cycle des tétranyques (*Oligonychus afrasiaticus*) et de son prédateur (*Stethorus punctillum*) est d'un décalage de quelques jours, ne dépassant pas une semaine.

4.2.3.9. Périodes d'activité

SAHARAOUI (1988), considère *Stethorus punctillum* comme un prédateur d'acariens de premier ordre, son intérêt réside dans son abondance sur les cultures et son effet régulateur qui se manifeste presque toute l'année.

La détermination des périodes d'activité et de présence des coccinelles est très importante pour évaluer l'efficacité potentielle du prédateur sur les cultures. Ces périodes varient suivant le degré de présence des proies (tétranyques) sur les cultures et suivant les facteurs écologiques tel que le microclimat du biotope fréquenté par ces prédateurs et des conditions climatiques de la région (SAHARAOUI, 1988).

La période d'activité correspond à la présence d'un grand nombre d'œufs, de larves et d'adultes. La période la plus marquée est la période correspondant à l'activité intense du prédateur, elle intervient lors de l'apparition des premières pullulations des acariens à la nouaison qui correspond dans la région de Ouargla au mois de mi-mai jusqu'au mois d'août. C'est durant cette période que les pullulations d'acariens sont très fortes, vue que cette région est marquée par les fortes températures durant cette période. Alors que pour le nord algérien (Mitidja), la période d'activité s'étale du mois de mai jusqu'au mois d'octobre mais avec une diminution de la fécondité au mois d'août (SAHARAOUI, 1988).

4.2.3.10. Hivernation

Cette période correspond à une activité moins intense arrivant même jusqu'à une activité nulle qui correspond à la saison froide où il y a manque de nourriture et où on peut rencontrer le *Stethorus punctillum* caché dans différentes cultures.

Le *Stethorus punctillum* hiverne au stade adulte. En Algérie GUESSOUM (1988) signale qu'en verger de pommier le *Stethorus punctillum* hiverne sur des plantes spontanées. L'hivernation de cette coccinelle a lieu entre la jonction de départ des folioles au sein des palmes (SNOUSSI, 1989).

4.2.3.11. Alimentation

Stethorus punctillum est une espèce hautement spécifique aux acariens et notamment ceux appartenant à la famille des tétranyques.

Les larves et les adultes s'attaquent à tous les stades de la proie dont ils ingèrent le contenu en rejetant le reste (FAUVEL, 1974).

CHAZEAU (1972) note que les adultes de *S. punctillum* ont une certaine préférence pour les formes mobiles, leur régime alimentaire mis à part les acariens est assez réduit. Dans ce contexte KEHAT (1968) rapporte la prédation des adultes de *S. punctillum* vis à vis de la cochenille blanche *Parlatoria blanchardi* Targ.

L'alimentation du *S. punctillum* en cochenilles et pucerons est adéquate pour compléter le développement et l'oviposition ; c'est donc une nourriture de subsistance qui doit pallier l'absence d'acariens.

Beaucoup d'auteurs soulignent la grande voracité de *S. punctillum* vue le pouvoir de reproduction et de dispersion très rapide de la coccinelle. Elle est apte à coloniser rapidement les parcelles où les populations d'acariens sont importantes.

Elle joue un rôle très important de prédateur de choc et de nettoyage. Ajoutant à cela l'avantage que possède cette coccinelle d'hiverner au niveau du palmier dattier dans les régions du Sud. Tous ces paramètres constituent donc des caractères très positifs pour ce prédateur en vue de son utilisation en lutte biologique.

4.2.4. *Trichogramma cordubensis* Vargas & Cabello

Ces chalcidiens sont des micro-hyménoptères chalcidiens de la famille des Trichogrammatidae. On en connaît actuellement environ 200 espèces, tous du genre *Trichogramma*. Leur taille est souvent inférieure au millimètre.

4.2.4.1. Systématique

- Classe : Insecte
- Ordre : Hymenoptere
- Super famille : Chalcidoidea
- Famille : Trichogrammatidae
- Genre : *Trichogramma*
- Espèce : *Trichogramma cordubensis*

4.2.4.2. Caractéristiques morphologiques

Les soies de l'antenne mâle sont relativement longues (les plus longues mesurent 2,7 à 3,0 fois la largeur maximum du flagelle) (Figure 13). Les antennes des femelles ne portent pas de soie (Figure 14).

Le cycle de développement des Trichogrammes se développent entièrement dans l'œuf (Figure 15).

Figure 13. Antenne de *Trichogramma cordubensis* (PINTUREAU, 2009)

4.2.4.3. Mode de reproduction

Il est thélytoque, ce caractère étant induit par des bactéries endocytobiotes du genre *Wolbachia* (PINTUREAU et *al.*, 2006).

4.2.4.4. Hôtes

Ce sont surtout des œufs de Lépidoptères Hétérocères *Euproctis chrysorrboea* (Lymantriidae), *Helicoverpa armigera* (Noctuidae), *Ectomyelois ceratoniae, Palpita unionalis* (Hübner) (Pyralidae), *Acherontia atropos* (L.) (Sphingidae), *Prays oleae* Bernard (Yponomeutidae). Quelques œufs de Lépidoptères Rhopalocères sont aussi attaqués : *Iphiclides podalirius* (L.) (Papilionidae), *Gonepteryx* sp. (Pieridae) ; PINTUREAU et BABAULT, 1988 ; PINTUREAU et *al.*, 1991 ; HEGAZI et *al.*, 2005).

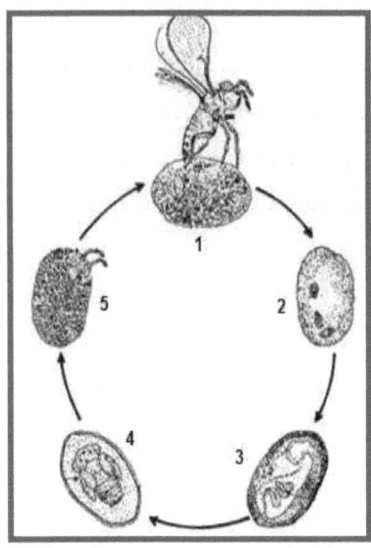

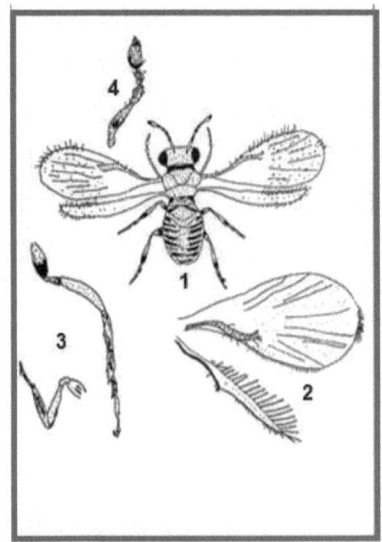

Figure 14. Cycle évolutif d'un
Trichogramme
1. Femelle parasitant un œuf
2.3. et 4. Développement embryonnaire
5. Sortie de l'adulte

(DOUMANDJI-MITICHE, 1983)

Figure 15. Morphologie d'un
Trichogramme
1. Adulte de Trichogramma
2. Ailes
3. Pattes
4. Antenne
(DOUMANDJI-MITICHE, 1983)

4.2.4.5. Répartition géographique

Les Trichogrammes ont été notés en Espagne (Andalousie, Catalogne, Valence), Portugal (Açores, Alentejo, Madeira, Ribatejo) (PINTUREAU, 1990 ; PINTUREAU et *al*., 2009).

L'espèce a aussi été signalée en Afrique du nord (Algérie, Egypte, Maroc) (PINTUREAU et BABAULT, 1988 ;

4.2.4.6. Cycle de développement

Les trichogrammes sont des parasitoïdes oophages. La larve des parasites de ce type, dit oophage, se développe à l'intérieur de l'œuf de l'insecte-hôte, dont l'embryon est tué à un moment plus ou moins précoce de la vie larvaire du parasitoïde. Avec les trichogrammes, l'hôte est tué très tôt et ce sont ses tissus désintégrés et son vitellus qui servent de nourriture à la larve du trichogramme et assurent son développement jusqu'à sa métamorphose, transformation en nymphe puis en imago (insecte parfait, adulte). Puis cet imago mène une vie libre, consacrée à l'accouplement et à la recherche, par la femelle, d'œufs-hôtes pour y déposer sa ponte; il se nourrit de matières sucrées (miellat de pucerons) ou de substances protéiques (pollen des fleurs).

Deuxième partie : Etude expérimentale

Chapitre 1. Matériel et méthodes

1.1. Matériel

Nous présenterons dans ce chapitre d'abord le matériel végétal constitué essentiellement de palmiers dattiers à travers 6 sites d'étude : N'goussa, Ksar, ITAS, ITDAS, Ain El Beida et Mekhadma. Ensuite nous présenterons le matériel animal représenté par les principaux ravageurs du palmier dattier et de la datte : *Parlatoria blanchardi, Ectomyelois ceratoniae* et *Oligonychus afrasiaticus*, ainsi que les auxiliaires recensés pour chaque ravageur, notamment ce qui ont été retenu pour la lutte biologique, c'est-à-dire *Pharoscymnus numidicus, Pharoscymnus ovoideus, Trichogramma cordubensis* et *Stethorus punctillum*. Nous évoquerons enfin le matériel utilisé pour l'échantillonnage, les captures, la conservation, les déterminations et les élevages des auxiliaires.

1.1.1. Matériel végétal

Le matériel végétal est constitué principalement de palmiers dattiers *Phoenix dactylifera* avec les caractéristiques de sa partie végétative et celles de ses productions (Tableaux 2 et 3) localisés dans différents sites de la région de Ouargla que nous avons présenté sous l'appellation : stations d'étude P1, P2, P3, P4 et P5. Nous avons également effectué un grand nombre de prospections à travers les palmeraies de la cuvette d'Ouargla que nous avons appelé P6.

Tableau 2. Caractéristiques de la partie végétative des variétés de palmiers dattiers étudiés (en cm) (HANNACHI et *al.*, 1998) adapté.

variétés	Longueur de la palme	Largeur de la palme	Largeur du spadice
Bayd-Hmam	380	64	160
Ben-Azizi	360*	65*	125*
Degla-Beida	300 - 380	80 - 85	130 - 140
Deglet-Nour	370 - 480	85 - 145	140 - 260
Ghars	370 - 510	60 - 95	180
Hamraya	380	60	120
Harchaya	430*	97*	150*
Mizit	220*	75*	170*
Tafezouine	350 - 490	75 - 115	103 - 188
Takermoust	460 - 570	82 - 109	135 - 220
Tamsrit	380 - 580	73 - 110	220
Ticherwit	340	92	150
Timjouhart	520	90	230

(*) = Particularité observée sur terrain

Tableau 3. Caractéristiques des fruits des variétés de palmiers dattiers étudiées (HANNACHI et *al.*, 1998)

Variétés	Date de maturité	Forme et taille	Couleur	Consistance	Plasticité	Goût
Bayd-Hmam	Septembre Octobre	Ovoïde Petite	Jaune (B) Ambrée (T)	Molle à demi molle	Tendre	Parfumé
Ben-Azizi	Septembre	Ovoïde Grande	Jaune (B) Ambrée (T)	Demi molle	Tendre	Parfumé
Degla-Beida	Octobre	Droite Grande	Jaune (B et T)	Sèche	Dure	Acidulé
Deglet-Nour	Octobre Novembre	Ovoïde Grande	Rouge (B) Variable (T)	Demi molle	Tendre	Parfumé
Ghars	Juillet	Droite Grande	Jaune (B) Marron (T)	Molle à demi molle	Elastique	Parfumé
Hamraya	Août Septembre	Droite Grande	Rouge (B) Marron (T)	Molle à demi-sèche	Tendre	Acidulé
Harchaya	Septembre	Ovoïde Petite	Jaune (B) Marron (T)	Demi-sèche à sèche	Tendre	Acidulé
Mizit	Septembre	Ovoïde Moyenne	Jaune (B) Marron (T)	Molle	Tendre	Parfumé
Tafezouine	Août Septembre	Droite Grande	Jaune (B) Ambrée (T)	Demi molle	Tendre	Parfumé
Takermoust	Septembre	Ronde Moyenne	Jaune (B) Noire (T)	Demi molle	Tendre	Parfumé
Tamsrit	Août Septembre	Droite Grande	Rouge (B) Noire (T)	Molle à demi molle	Tendre	Parfumé
Ticherwit	Septembre	Ovoïde Moyenne	Rouge (B) Noire (T)	Demi molle	Tendre	Parfumé
Timjouhart	Août	Ovoïde Grande	Rouge (B) Noire (T)	Demi molle	Tendre	Parfumé

(B) = Stade Bser. (T) = Stade Tmar.

1.1.1.1. Présentation des stations d'étude

Devant le nombre important des exploitations phœnicicoles dans la région d'Ouargla, nous avons retenu 5 palmeraies en tenant compte des différences qui existent entre les sous-zones agro-écologiques de ces palmeraies (Tableau 4). En outre, nous avons effectué plusieurs prospections dans l'ensemble des palmeraies de la cuvette de Ouargla pour le travail expérimental.

1.1.1.1.1. Site d'étude de N'Goussa

N'Goussa est une ville très ancienne. Elle est située à 24 km au Nord de Ouargla. La palmeraie retenue, parcelle 1 (Figure 16) est une ancienne plantation, peu entretenue, à plantation irrégulière, d'une superficie de 1,5 ha. Elle est irriguée par submersion. On compte 91 palmiers très diversifiés. La distance entre les pieds varie entre 5 et 6 m. La strate arboricole est constituée de grenadiers et de figuiers. La strate herbacée est composée de cultures fourragères notamment la luzerne, le sorgho, le chou fourrager. Cette palmeraie est entourée d'une haie de palmes sèches.

Tableau 4. Présentation des parcelles expérimentales

Caractéristiques	Parcelle P1	Parcelle P2	Parcelle P3	Parcelle P4	Parcelle P5
Localisation	N'goussa (24 km de la ville de Ouargla)	Ksar (centre de Ouargla)	I.T.A.S.* (6 km) de la ville de Ouargla)	I.T.D.A.S. ** (27 km de la ville de Ouargla)	Mekhadma (6 Km) de la Ville de Ouargla
Type de plantation	Ancienne exploitation privée	Ancienne exploitation privée	Nouvelle exploitation commerciale	Nouvelle exploitation commerciale	Ancienne exploitation commerciale
Plantation	Irrégulière	Irrégulière	Régulière	Régulière	Régulière
Superficie exploitée (ha)	1,5	0,5	7,2	3	1,9
Nombre total de pieds	91	31	855	130	161
Nombre de pieds par cultivar	29 Ghars 24 Deglet-Nour 2 Takermoust 3 Mizit 3 Tafezouine 2 Tamsrit 2 Ben-Azizi 1 Timjouhart 5 Dgouls 15 Djebbars 5 Dokkars	14 Ghars 2 Deglet-Nour 2 Ticherwit 1 Takermoust 1 Harchaya 5 Dgouls 5 Djebbars 1 Dokkars	479 Deglet-Nour 196 Ghars 7 Hamraya 18 Degla-Beida 1 Bayd-Hmam 1 Tamsrit 18 Dokkars 135 Djebbars	120 Deglet-Nour 10 Ghars	119 Deglet-Nour 30 Ghars 4 Itim 3 Tamsrit 3 Takermoust 1 Tafezouine 1 Dokkar
Ecartement entre pieds (m)	5 à 6	2 à 3	9	12	9 à 10
Hauteur des pieds (m)	3 à 3,5	4 à 5	3,5 à 4	3,5 à 4	3 à 7
Autres espèces de la strate arboricole	Grenadier Figuier	Grenadier Figuier – vigne	Grenadier Vigne		Grenadier Figuier
Strate herbacée	luzerne, sorgho, chou fourrager, courgette, épinard	épinard, luzerne persil, menthe	Luzerne, courgette	Cultures maraîchères sous serres	Epinard, carotte et fourrages
Brise vent	Palmes sèches	Palmes sèches	Casuarina	Casuarina	Palmes sèches
Irrigation	submersion	submersion	submersion	submersion	submersion
Drainage	Fonctionnel	Non fonctionnel	Non fonctionnel	Fonctionnel	Fonctionnel

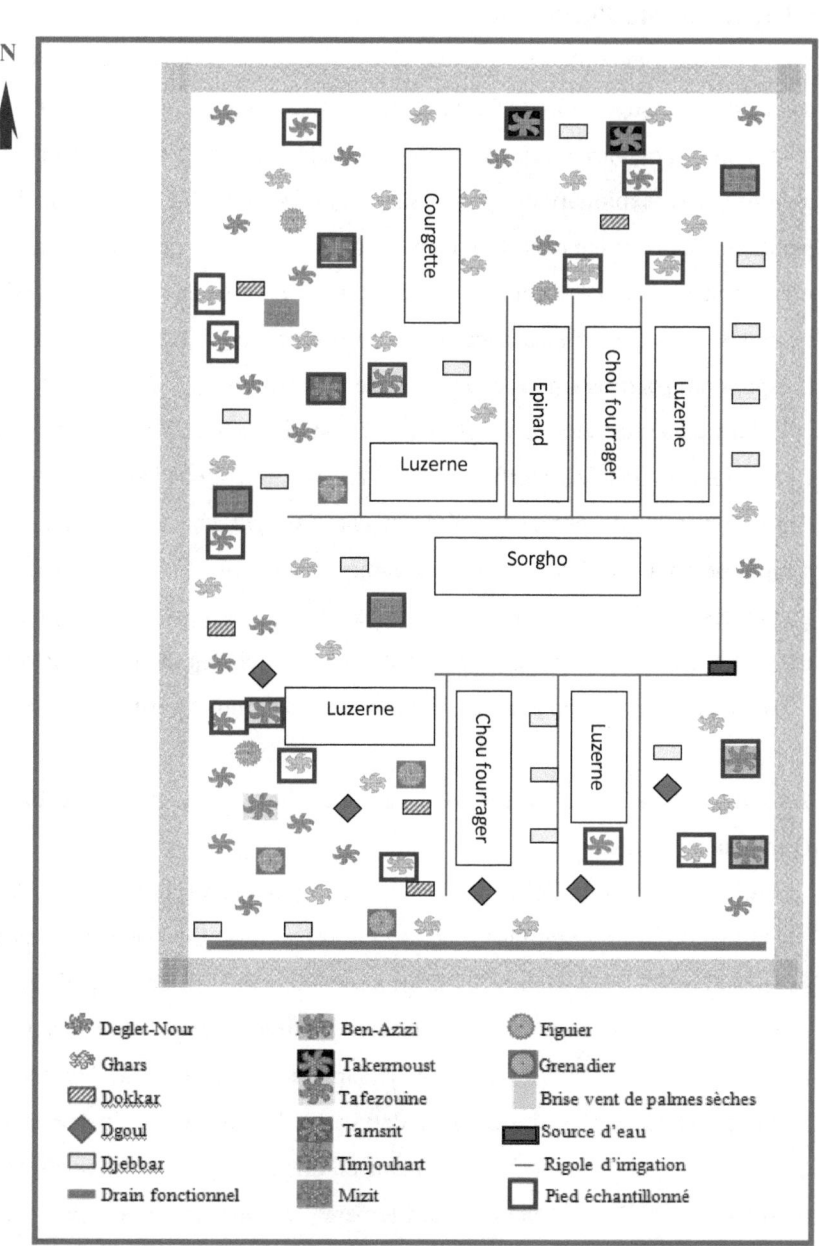

N

Courgette		
Luzerne	Epinard	Chou fourrager · Luzerne
Sorgho		
Luzerne	Chou fourrager	Luzerne

✳ Deglet-Nour	✳ Ben-Azizi	⬤ Figuier
✳ Ghars	✳ Takermoust	⬤ Grenadier
▨ Dokkar	✳ Tafezouine	▨ Brise vent de palmes sèches
◆ Dgoul	✳ Tamsrit	▬ Source d'eau
▢ Djebbar	▨ Timjouhart	— Rigole d'irrigation
▬ Drain fonctionnel	▨ Mizit	▢ Pied échantillonné

Figure 16. Schéma parcellaire du site d'étude de N'goussa (P1)

1.1.1.1.2. Site du Ksar

Le ksar d'Ouargla est l'un des vieux ksours d'Ouargla, crée au Xème siècle sur une superficie de 30 ha intra-muros. Les exploitations du Ksar sont toutes polyvariétales. Il existe au moins quatre cultivars dans la majorité des exploitations avec Ghars comme cultivar dominant. La plantation est ancienne et à plantation non organisée. Ces exploitations présentent un taux de recouvrement important. La distance entre les pieds ne dépasse pas généralement les 5 m. Ce système a pour but d'occuper plus d'espace par les trois strates et de produire le maximum.

La palmeraie retenue P2 (Figure 17) est située à 150 m au Nord du Ksar. Elle occupe une superficie de 0,5 ha. Elle est irriguée par submersion depuis un puits de pompage. Elle est entourée par une haie de palmes sèches servant de brise vent. La strate arboricole est constituée de grenadiers, figuiers et vigne. La strate herbacée n'est pas très riche, on y rencontre essentiellement quelques cultures maraîchères et de la luzerne. C'est une palmeraie non entretenue qui compte 31 cultivars différents.

1.1.1.1.3. Site de l'exploitation de l'Université KASDI Merbah-Ouargla

L'exploitation de l'Université KASDI Merbah-Ouargla (Ex-I.T.A.S.), est située à 6 km au Sud-Ouest de la ville d'Ouargla. Elle s'étend sur une superficie de 28,2 hectares, repartis en 8 secteurs notés A, B, C, D, E, F, G et H. Chaque secteur occupe 3,6 hectares divisés en deux demi-secteurs, chacun de 1,8 hectare, le reste de la surface est occupé par les pistes (chantier) et les drains. Le palmier dattier est la culture dominante dans cette station avec 1230 pieds. Le cultivar dominant en nombre de pieds, est représenté par Deglet Nour. L'écartement moyen entre les palmiers dattiers est de 9 m. La hauteur moyenne des palmiers est d'environ 4 m. On y trouve d'autres cultivars tels que Ghars, Degla-Beida, Hamraya, Bayd-

Hmam et Tamsrit. La parcelle expérimentale P3 se localise au niveau des secteurs A et C (Figure 18). Elle occupe une surface de 7,2 hectares et l'irrigation se fait par submersion à partir d'un forage du complexe terminal avec un débit de 40 l/s. Dans ces secteurs se cultivent quelques arbres fruitiers comme le grenadier et la vigne. Les brises vents sont constituées d'une double ligne d'*Eucalyptus* et de *Casuarina* dans la partie Nord et par une rangée de *Casuarina* pour la partie Ouest.

1.1.1.1.4. Site de l'Institut Technologique de Développement de l'Agriculture Saharienne (I.T.D.A.S.) de Hassi Ben Abdallah

Le site expérimental se trouve à l'intérieur de l'I.T.D.A.S. (Figure 19) (Institut Technologique de Développement de l'Agriculture Saharienne) de Hassi Ben Abdallah, distant de 26 km du centre-ville d'Ouargla. Il occupe une superficie de 4 hectares dont 3 sont occupés par 208 palmiers dattiers, le reste recevant des cultures maraîchères sous serre. L'écartement entre les palmiers et les rangs est de 12 mètres, et il s'agit donc d'une plantation régulière. La hauteur moyenne des arbres est de 4 mètres. L'irrigation par submersion est assurée par une eau albienne chaude et peu chargée en sel. La parcelle est entourée par un brise vent composé essentiellement de casuarinas. Des cultures maraîchères, condimentaires et fourragères sont pratiquées à l'intérieur de la palmeraie.

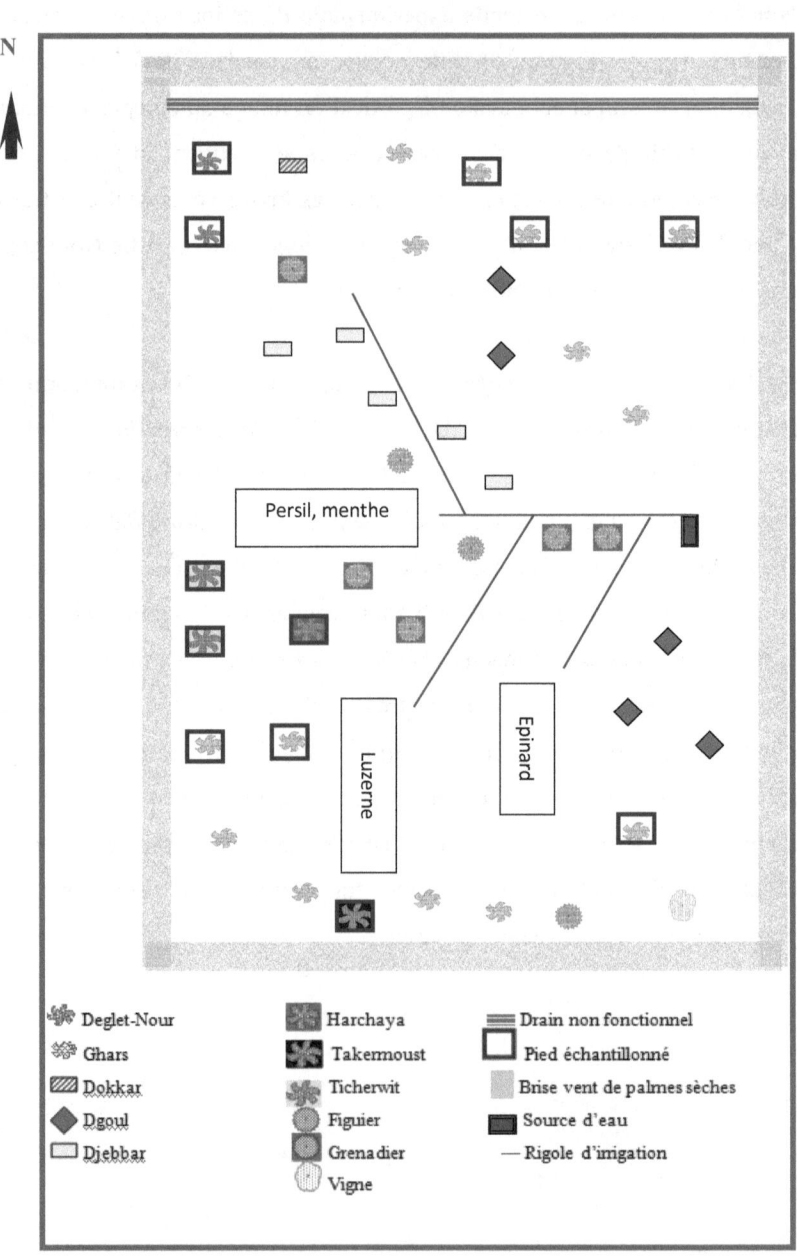

Figure 17. Schéma parcellaire du site d'étude du Ksar (P2

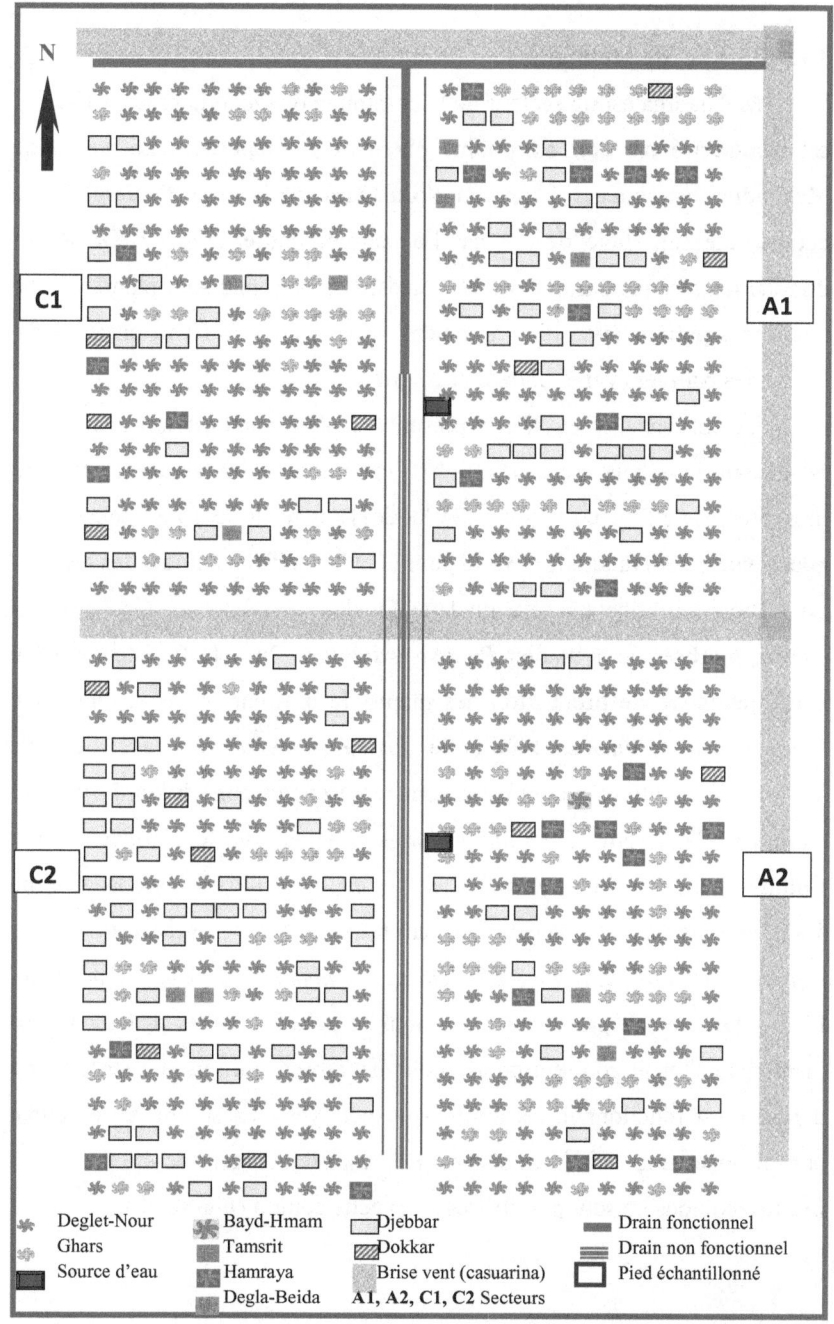

Figure 18. Schéma parcellaire du site d'étude de l'I.T.A.S. (P3)

1.1.1.1.5. Site de Mekhadma

Mekhadma est un secteur de la commune de Ouargla crée en 1929. Il est caractérisé par son patrimoine phœnicicole important. La station de Mekhadma est située à 6 km au Nord Ouest de la ville d'Ouargla. Elle couvre une superficie de 1,9 ha. Le palmier dattier *Phœnix dactylifera* domine dans cette station avec 161 pieds. Les palmiers sont plantés d'une manière régulière avec un écartement variant de 9 à 10 m entre pieds. L'âge des palmiers varié entre 5 et 29 ans.

Le cultivar Deglet-Nour représente le plus grand effectif avec 73,75 % devant le Ghars avec 18,76 %, les autres cultivars existants sont présentés par 2,5 % de l'Itim, 1,88 % de Tamsrit et de Takermoust et un pourcentage équivalant de 0,62 % pour le cultivar Tafezouine et les Dguels. La station renferme un seul pied de Dokkar, 7 arbres de figuier *Ficus carica*, 4 arbres de grenadier *Punica granatum*. On note l'existence d'une petite pépinière de production des plants de plusieurs espèces telles que l'oranger *Citrus sinensis*, l'abricotier *Prunus armeniaca*, et la vigne <u>Vitis vinifera</u>. Les cultures maraîchères sont représentées par l'épinard *Spinacia oleracea*, l'aubergine *Solanum melongena* et la carotte *Daucus carota*. Comme cultures fourragères, la seule espèce cultivée est la luzerne *Medicago sativa*. La végétation naturelle est représentée par *Juncus rigidus, Cynodon dactylon, Phragmites communis,* et *Sueda fructicosa*. L'irrigation se fait par submersion pour le palmier dattier et les cultures maraîchères, et le goutte à goutte pour les arbres fruitiers. Le système de drainage est fonctionnel, les drains sont nettoyés. La station est entourée par un brise vent de palmes sèches. Elle est bien organisée et entretenue. Les insecticides ne sont pas utilisés dans cette station (Figure 20).

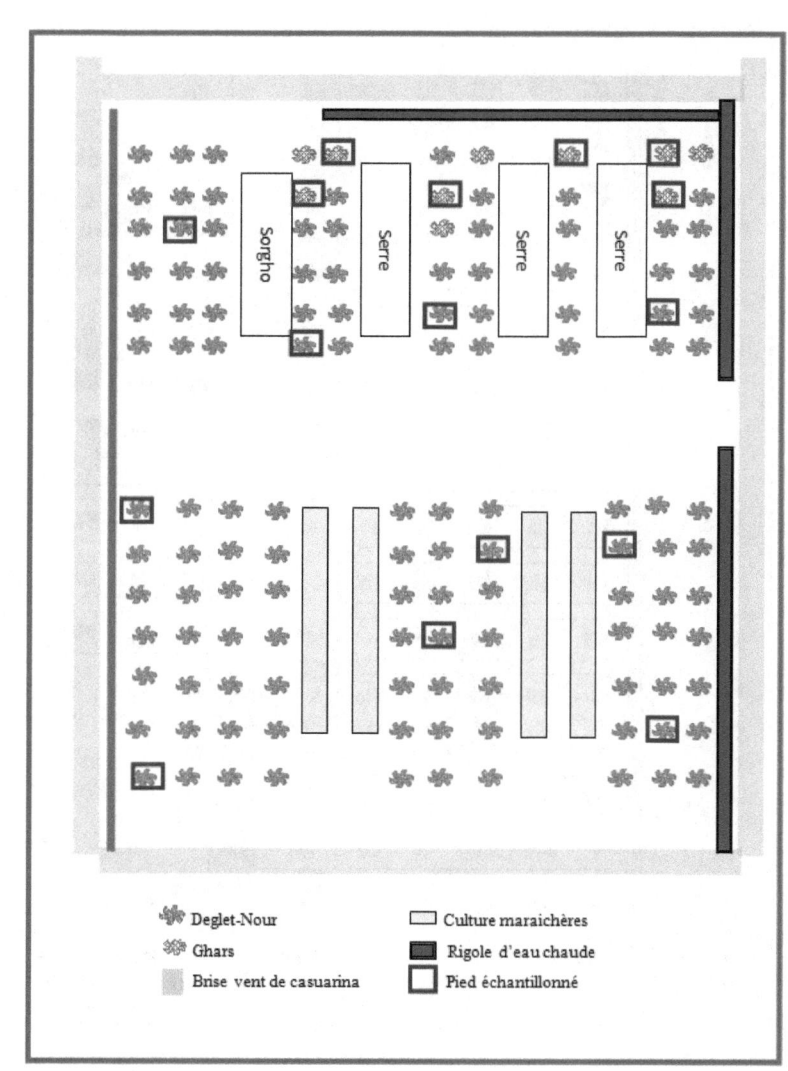

Figure 19. Schéma parcellaire du site d'étude de l'I.T.D.A.S. (P4)

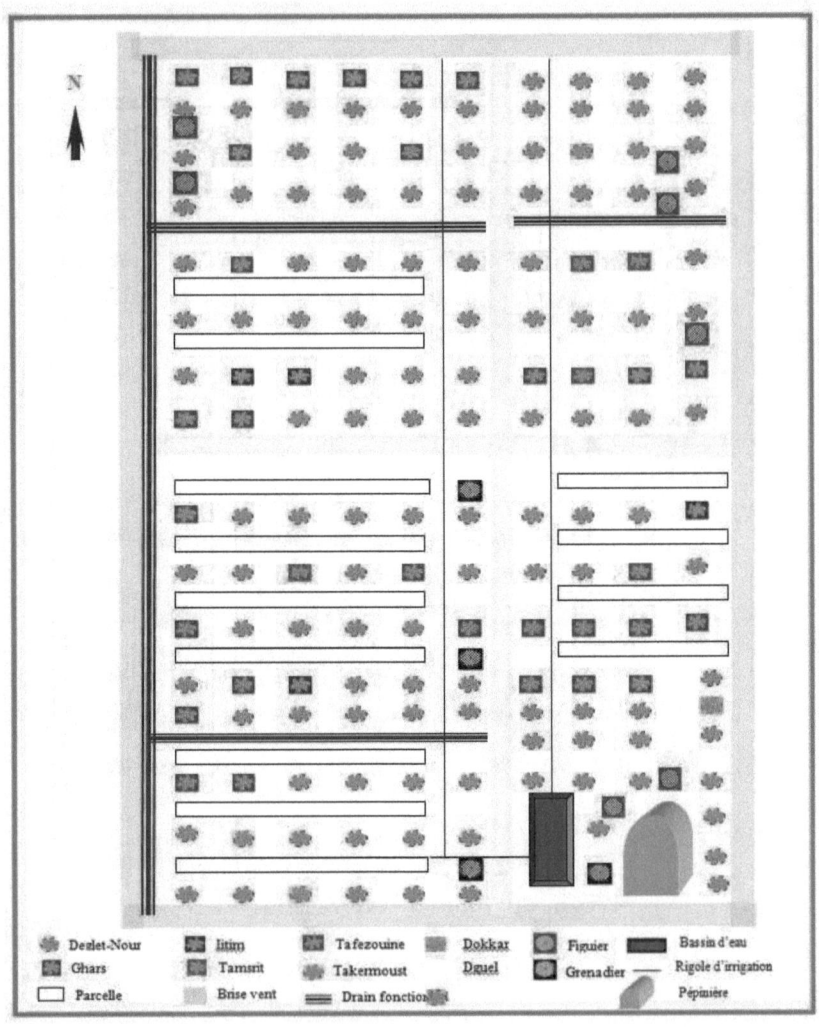

Figure 20. Schéma parcellaire du site d'étude de Mekhadma (P5)

1.1.1.1.6. Palmeraies de la cuvette d'Ouargla prospectées

Un grand nombre de palmeraies de la région de Ouargla (Figure 21) a été visité pour le choix des parcelles d'étude, le recensement des différents cultivars de palmiers dattiers, l'échantillonnage relatif aux différentes infestations causées par les ravageurs du palmier dattier et de la datte, et enfin, la recherche d'éventuels auxiliaires pouvant être utilisés dans un cadre de lutte biologique

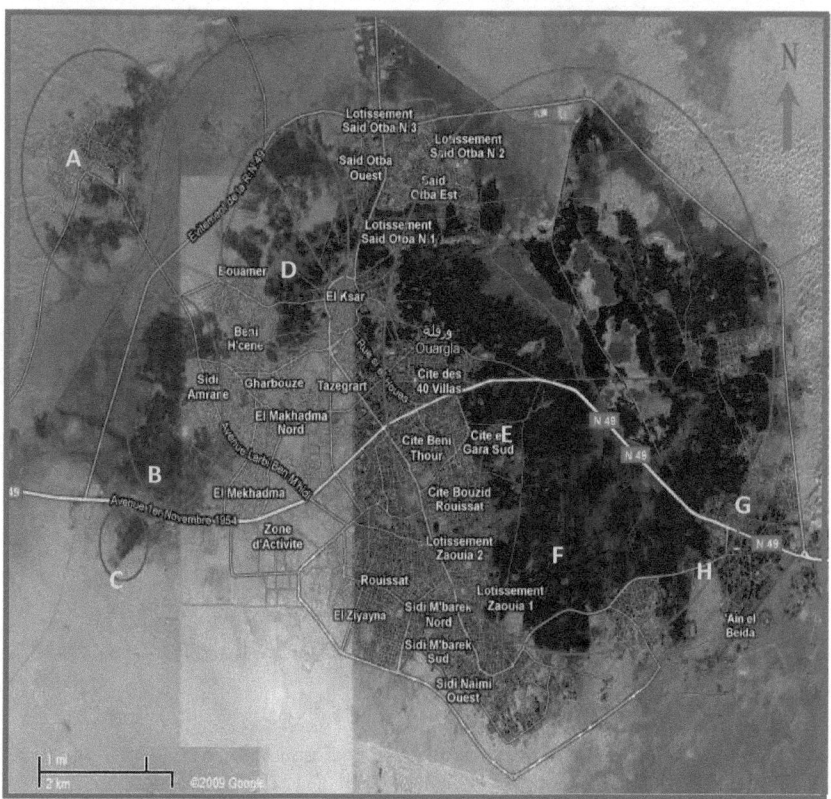

Figure 21. Vue d'ensemble de la palmeraie d'Ouargla. **A**. Palmeraie de Bamendil -**B**. Palmeraie de Mekhadma - **C**. palmeraie de l'ex ITAS - **D**. palmeraie du Ksar - **E**. palmeraie de Béni –Thour - **F**. palmeraie de Rouissat - **G**. palmeraie de chott - **H**. palmeraie de Ain Beida (P6).

1.1.2. Matériel animal

Le matériel animal est représenté par les trois principaux ravageurs du palmier dattier et de la datte: *Parlatoria blanchardi* (Photographie 1), *Ectomyeloïs ceratoniae* (Photographie 2), *Oligonychus afrasiaticus* (Photographie 3) et de leurs ennemis naturels respectivement utilisés en lutte biologique.

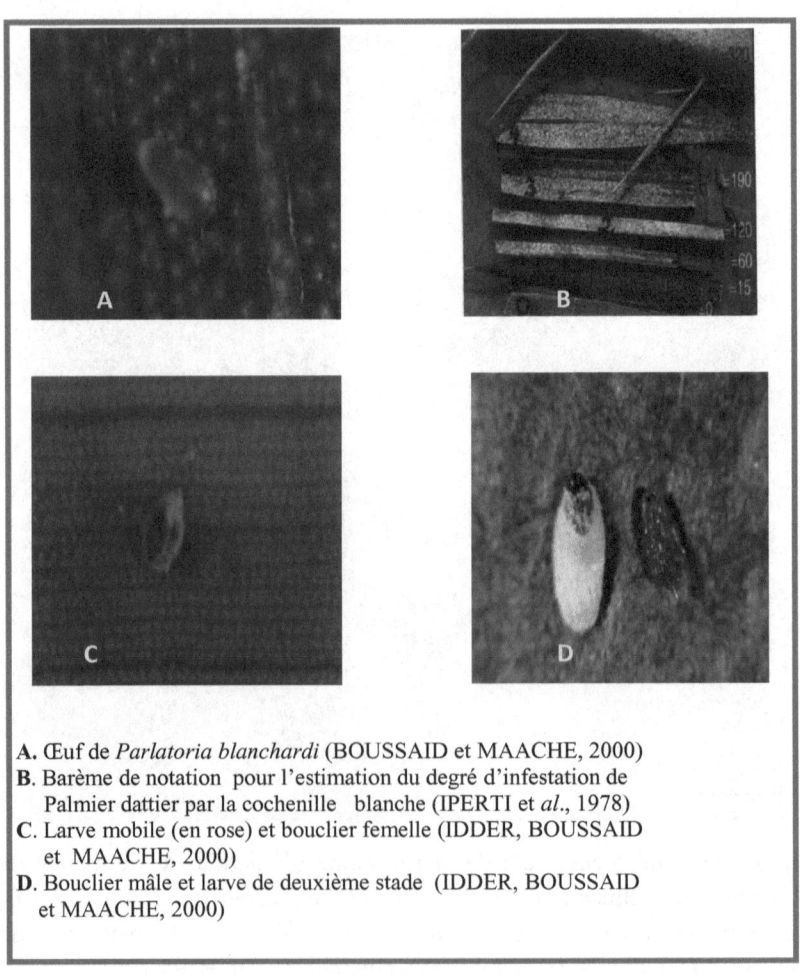

A. Œuf de *Parlatoria blanchardi* (BOUSSAID et MAACHE, 2000)
B. Barème de notation pour l'estimation du degré d'infestation de Palmier dattier par la cochenille blanche (IPERTI et *al.*, 1978)
C. Larve mobile (en rose) et bouclier femelle (IDDER, BOUSSAID et MAACHE, 2000)
D. Bouclier mâle et larve de deuxième stade (IDDER, BOUSSAID et MAACHE, 2000)

Photographie 1. La cochenille blanche du palmier dattier et ses dégâts

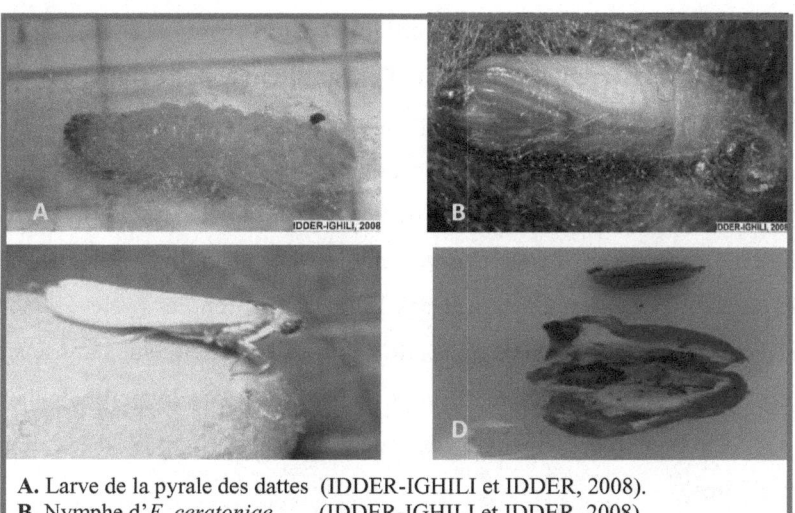

A. Larve de la pyrale des dattes (IDDER-IGHILI et IDDER, 2008).
B. Nymphe d'*E. ceratoniae*   (IDDER-IGHILI et IDDER, 2008).
C. Adulte en ponte sur un fruit   (IDDER, 2009).
D. Datte souillée par les excréments de la chenille (IDDER, 2009).

Photographie 2. La pyrale des dattes et ses dégâts

A. Dattes en fin de grossissement infestées par le boufaroua
  (IDDER, 2009).
B. Dattes en début de maturité infestées par le boufaroua (IDDER, 2009).
C. Dattes matures infestées par le boufaroua (IDDER, 2009).

Photographie 3. Le boufaroua et ses dégâts

1.1.3. Matériel utilisé pour l'échantillonnage des ravageurs

1.1.3.1. Matériel utilisé pour l'échantillonnage de la cochenille blanche du palmier dattier

Pour étudier la dynamique des populations de *Parlatoria blanchardi*, et du nombre de ses générations, nous avons utilisé le matériel suivant : Matériel végétal constitué exclusivement de pieds du cultivar Deglet-Nour, un sécateur pour le prélèvement des folioles. Les folioles prélevées sont mises dans des sachets en papier kraft. Ce travail a été effectué dans le site de l'ITAS (P3). Au laboratoire, nous avons utilisé une loupe binoculaire pour effectuer les comptages de cochenilles et observer d'éventuels auxiliaires.

Pour la lutte, les sites retenus sont les secteurs A1 et A2 de l'ITAS, ainsi que celui de Mekhadma (P5). Nous avons utilisé pour la lutte physique, le flambage. La lutte chimique à consisté à appliquer un produit insecticide organophosphoré agissant par contact, le Folimat ou Ométhoate à 50%, par l'intermédiaire d'un pulvérisateur à dos (un seul traitement). La lutte biologique consiste à lâcher des individus (adultes et larves) de *Pharoscymnus* élevé et multiplié au préalable au niveau de l'insectarium.

1.1.3.2. Matériel utilisé pour l'échantillonnage la pyrale des dattes

Pour l'étude du taux d'infestation et la morphologie de la pyrale des dattes *Ectomyelois ceratoniae* (Zeller) sur différentes variétés du palmier dattier *Phoenix dactylifera* (L.), le choix des pieds étudiés a été basé sur des critères de vigueur et de taille. Nous avons retenu des pieds vigoureux ayant une hauteur comprise entre 3 et 4 m. Ces pieds ont été repérés à l'aide de plaques métalliques numérotées.

Le matériel végétal est représenté par 13 cultivars de palmiers dattiers représentés par Bayd-Hmam, Ben-Azizi, Degla-Beida, Deglet-Nour, Ghars, Hamraya, Harchaya, Mizit, Tafezouine, Takermoust, Tamsrit, Ticherwit et

Timjouhart dont les caractéristiques végétatives ont été consignées dans le Tableau 5.

Au niveau du laboratoire, nous avons utilisé une loupe binoculaire, un scalpel pour ouvrir les dattes, des boites de Pétri, des boites de pots de yaourt, des tubes à essai et des bocaux qui serviront à isoler le matériel animal et végétal.

Pour lutter contre la pyrale des dattes *Ectomyelois ceratoniae* par l'intermédiaire de *Trichogramma cordubensis*, nous avons retenu la parcelle A'2 de l'ITAS (Figure 18). Les arbres retenus appartiennent au cultivar Deglet-Nour en raison de son abondance au niveau de la parcelle et sa valeur marchande.

1.1.3.3. Matériel utilisé pour l'échantillonnage du boufaroua

Pour lutter contre le boufaroua *Oligonychus afrasiaticus*, nous avons choisi le site de l'ITDAS. Le matériel végétal est représenté par des palmiers dattiers de la variété Deglet-Nour. Nous avons utilisé un sécateur pour le prélèvement des branchettes de dattes infestées à partir des arbres retenus, du papier kraft doublé par des sachets en plastique et fermé hermétiquement pour leur transport dans une glacière au laboratoire. Au niveau de ce dernier, nous avons utilisé de l'alcool à 70% afin de pouvoir conserver et compter les acariens, ainsi qu'une loupe binoculaire et un compteur à main.

1.1.4. Matériel utilisé pour la capture des ravageurs et auxiliaires
1.1.4.1. Filet fauchoir

Le filet fauchoir est utilisé, non seulement pour capturer les insectes volants tels que les Coleoptera, les diptera, les Lépidoptera (ROTH, 1963), mais aussi pour les Mantoptera, les Heteroptera, les Hymenoptera (ROTH, 1963).

Le filet fauchoir se compose d'un manche léger et robuste d'une longueur de 1.60 m, à l'extrémité duquel est fixé un cercle en métal de 40 cm de diamètre et formé de fer rond de 4 mm de section. La poche du filet est d'une profondeur de 50 cm, faite par le tulle où le diamètre des mailles est de 1 mm. Son fond est légèrement arrondi afin que son contenu soit rapidement accessible et examiné après quelques coups de filets.

Le fauchage se fait par des coups rapides dans la végétation afin que les insectes surpris par le choc tombent dans la poche. Il consiste à faire des mouvements de va et vient, proche de l'horizontale du sol pour capturer les espèces qui vivent sur les feuilles et les tiges de la végétation et par des frappes à la base de la végétation pour récolter les espèces vivant près des racines. Le nombre des coups est de 9 à 10. Le filet fauchoir est utilisé au sol aussi pour récolter les gros insectes tout en raclant le sol quand en fauche la végétation ou par l'orientation de l'ouverture du filet vers le sol sur l'insecte et en tenant la pointe du filet vers le haut à condition que le sol soit sec.

1.1.4.2. Parapluie japonais

Pour récolter les invertébrés abritant le palmier dattier et les arbres fruitier, le parapluie japonais est le meilleur matériel pour ce type de faune. Il sert à récolter les chenilles, les Coleoptera, les Hymenoptera et les larves d'insectes phytophages (ROTH, 1963).

1.1.4.3. Boites de Pétri

Les boites de pétri utilisées au niveau du terrain sont en plastique et en verre de 85 mm de diamètre. Elles sont utilisées pour garder les petits insectes (puceron, acariens, larves d'arthropodes) et les insectes mobiles et dangereux. Elles servent aussi à isoler les insectes les uns des autres, surtout dans le cas de voracité ou de cannibalisme.

1.1.4.4. Tubes à essais

Les tubes à essai en verre permettent de piéger les spécimens dans l'alcool, notamment pour ceux qui se dégradent rapidement à l'air libre. Ces tubes de différentes tailles sont remplis aux 2/3 d'alcool à 70% pour tuer les insectes, ce qui permet de les manipuler facilement. Les tubes à essai doivent être fermés par un couvercle pour éviter l'évaporation de l'alcool.

1.1.5. Matériel de conservation des spécimens

Une fois les insectes recueillis par le matériel de récolte et de piégeage et sachant que certaines espèces présentent une grande mobilité ou se détériorent rapidement, un matériel de conservation est nécessaire sur le terrain et au laboratoire pour préserver ces spécimens.

1.1.5.1. Papillotes

La papillote est utilisée pour la conservation des lépidoptères afin d'éviter tout risque de dégradation durant le transport. Elle permet en outre un "stockage" plus aisé. C'est une petite pochette triangulaire fabriquée à partir d'un rectangle de papier plié, le plus souvent du papier cristal. Leur format est en fonction de la taille du papillon capturé. Le spécimen est placé à l'intérieur de la papillote. Afin d'éviter le débattement des papillons, il est nécessaire de les immobiliser par une pression latérale entre le pouce et l'index exercée sur le thorax, ce qui permet de garder leurs ailes intactes dans les papillotes.

1.1.5.2. Sachets en papier

Les sachets en papier sont utilisés sur le terrain pour la conservation et le transport des odonates et les plantes ou les organes des plantes attaquées par des insectes telles que les folioles des palmes attaquées par la cochenille blanche. Ces sachets portent des renseignements relatifs à la capture (lieu, date, type de matériel de capture).

1.1.5.3. Etaloir

L'étaloir est utilisé pour étaler les ailes des lépidoptères et des odonates et même des orthoptères. Nous avons utilisés un étaloir en polystyrène, où l'on puisse piquer des épingles, ménageant deux plans horizontaux parallèles séparés par une rainure, destiné à faire sécher les papillons conservés au niveau des papillotes et les autres insectes qui présente des ailes déployées. La rainure est d'une taille appropriée au volume du corps de l'insecte, les plans latéraux assez grands pour les ailes. Pour les orthoptères, l'étaloir est une planche ou plaque plane, sans rainure.

1.1.5.4. Boites de collection

Les boites de collection sont utilisées pour préserver les spécimens après leur identification. Ce sont des boîtes dont le fond est recouvert d'une couche de polystyrène ou de liège avec un couvercle qui se ferme hermétiquement pour éviter toute moisissure ou attaque par d'autres insectes ou acariens de l'extérieur. Les boites utilisées sont de dimensions 30 x 20 cm et de 10 cm de profondeur. Le spécimen est fixé dans la boite par des épingles entomologiques.

1.1.6. Matériel utilisé pour l'identification des espèces

La détermination des espèces a été effectuée selon les moyens disponibles, à savoir l'utilisation des connaissances personnelles, la comparaison avec des spécimens conservés dans des boîtes de collection, l'utilisation des clés de détermination, l'intervention des spécialistes en la matière et la réalisation de génitalias.

Un appareil photographique numérique est utilisé pour la prise des photographies de différentes espèces capturées.

1.1.7. Matériel utilisé pour l'élevage et la multiplication des auxiliaires retenus

1.1.7.1. Matériel utilisé pour l'élevage et la multiplication des trichogrammes (Insectarium)

La mise en place d'un insectarium est indispensable pour l'élevage et la multiplication des auxiliaires. C'est au niveau du Laboratoire de Protection des Ecosystèmes en Zones Arides et Semi Arides que nous avons installé notre insectarium (Photo 4) qui a servi aux différents élevages des trichogrammes et des coccinelles.

Les *Pharoscymnus* et *Stethorus* provenant des palmeraies de la région de Ouargla et les trichogrammes sous leur forme imagos ou œufs provenant du Laboratoire de Biologie Fonctionnelle ; Insectes et Interactions (BF2I) de l'INSA de Lyon, ont été multiplié au sein de cet insectarium.

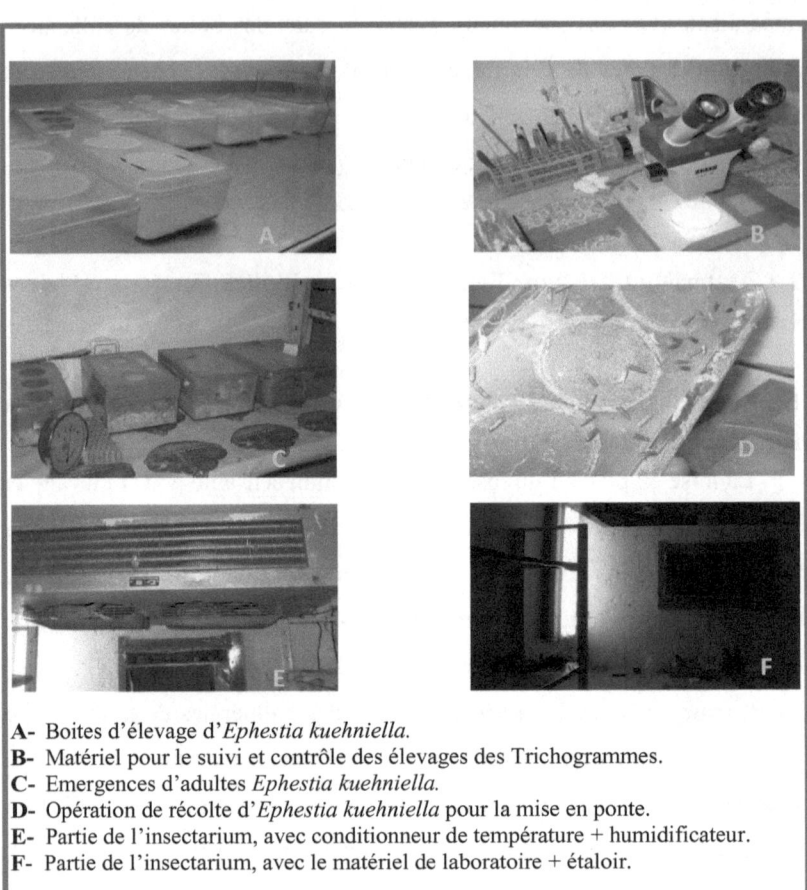

A- Boites d'élevage d'*Ephestia kuehniella.*
B- Matériel pour le suivi et contrôle des élevages des Trichogrammes.
C- Emergences d'adultes *Ephestia kuehniella.*
D- Opération de récolte d'*Ephestia kuehniella* pour la mise en ponte.
E- Partie de l'insectarium, avec conditionneur de température + humidificateur.
F- Partie de l'insectarium, avec le matériel de laboratoire + étaloir.

Photographie 4. Vue d'ensemble sur l'insectarium conçu pour l'élevage des Trichogrammes

1.1.7.2. Matériel utilisé pour l'élevage et la multiplication des coccinelles

Le matériel utilisé pour l'élevage dans les conditions de laboratoire des coccinelles, notamment du genre *Pharoscymnus* et *Stethorus* est composé de boites parallélépipédiques ou circulaires en matière plastique, transparentes, munies d'une ouverture d'aération recouverte d'une toile moustiquaire fine au niveau du couvercle. Des boites de Pétri sont utilisées pour y déposer les œufs des coccinelles. Des pinceaux pour la manipulation du matériel animal, une loupe binoculaire pour les différentes observations et des folioles infestées de cochenilles ou à défaut, des œufs de la pyrale de farine sont également nécessaires pour l'alimentation des coccinelles. (Photos 5 et 6).

Dans les conditions de terrain, on utilise des abris en charpente métallique recouverts de toile moustiquaire fine (Photo 7), une loupe de poche, un thermomètre et un hygromètre placés dans l'abri pour le contrôle des conditions climatiques.

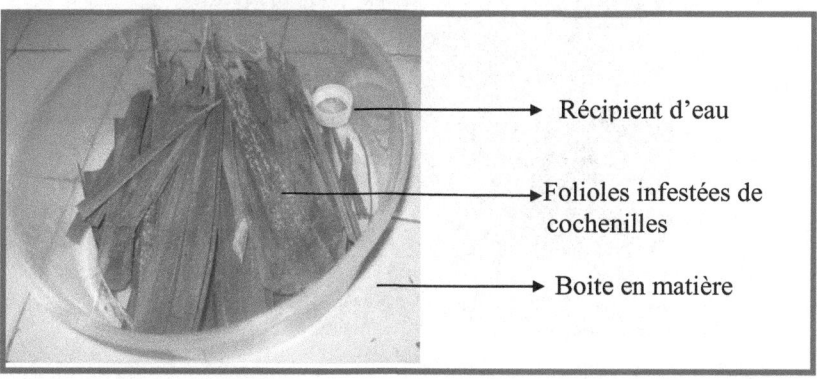

Récipient d'eau

Folioles infestées de cochenilles

Boite en matière

Photographie 5. Boite d'élevage renfermant des folioles de palmier dattier infestées par des cochenilles, qui serviront d'alimentation pour les coccinelles (IDDER et *al*., 2006)

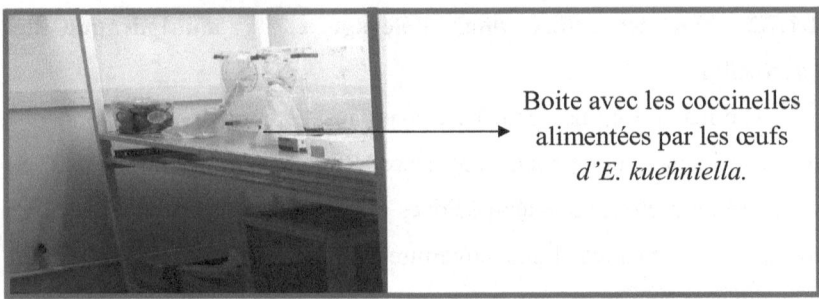

Boite avec les coccinelles
alimentées par les œufs
d'E. kuehniella.

Photographie 6. Elevage de coccinelles alimentées par les œufs
d'*Ephestia kuehniella* (IDDER et *al.*, 2006)

Photographie 7. Jeune palmier dattier dans une cage entourée de toile
moustiquaire fine et fortement infesté soit de cochenilles, soit d'acariens
pour la multiplication des coccinelles (IDDER et *al.*, 2006).
A. Folioles infestées de cochenilles ou d'acariens
B. Cage d'élevage
C. Toile moustiquaire

1.2. Méthodes de travail

1.2.1. Méthodes utilisées pour l'étude de la dynamique des populations de *Parlatoria blanchardi*

L'échantillonnage effectué et relatif au déprédateur *Parlatoria blanchardi* a pour but : l'étude de la dynamique des populations de ce ravageur, son nombre de générations dans la cuvette de Ouargla ainsi que l'impact de 3 méthodes de lutte (physique, chimique et biologique) sur les populations de la cochenille blanche et sur la faune auxiliaire.

1.2.1.1. Choix du cultivar

L'étude a été menée sur 30 pieds de Deglet-Nour, soit 21,3% de l'ensemble des pieds de cette variété. Le choix des pieds a été réalisé de manière à avoir des individus répartis sur toute la parcelle et homogènes quant à leur taille et leur entretien.

1.2.1.2. Prélèvement des folioles

Vingt-quatre folioles ont été prélevées chaque semaine sur chaque palmier retenu pour notre expérimentation, de novembre 1999 à octobre 2000, à l'aide de sécateurs. Celles-ci ont été placées dans des sacs en papier Kraft. Le prélèvement n'a pas été fait au hasard sur l'arbre, mais en fonction de l'orientation par rapport au tronc (nord, ouest, sud et est) et en fonction du niveau dans la couronne (cœur, couronne moyenne et couronne extérieure). Il a concerné deux folioles par orientation et niveau.

1.2.1.3. Utilisation de la méthode d'EUVERTE

Nous avons utilisé la méthode d'EUVERTE (1962) pour estimer le taux d'infestation de chaque foliole prélevée et ramenée au laboratoire. Celle-ci consiste à choisir trois cm^2 de foliole correspondant à une faible, une moyenne et une forte concentration de cochenilles. Tous les individus des différents stades sont comptés sur ces 3 cm^2 sous une loupe binoculaire, en distinguant les larves mobiles, les larves fixes (stades 1 et 2), et les adultes mâles et femelles, et en notant s'ils sont morts ou vivants. On obtient alors trois valeurs, A1, A2 et A3, pour un stade ou l'ensemble des individus, dont la moyenne établit la densité de la population sur une foliole. Des moyennes de densités ont été ensuite été effectuées pour chaque arbre échantillonné et pour chaque mois d'étude sur l'ensemble de la parcelle.

Nous avons recensé des palmiers présentant des populations de cochenilles variables qui correspondent aux densités 0,5, 1 et 2 de LAUDEHO et BENASSY (1969), soit respectivement à quelques cochenilles par centimètre carré de folioles (autour d'une quinzaine d'individus), à un début d'infestation (autour d'une soixantaine d'individus) et à une population relativement forte (autour de 120 individus).

1.2.2. Méthodes utilisés pour l'étude de l'efficacité comparée de trois méthodes de lutte contre la cochenille blanche du palmier dattier dans la région d'Ouargla (Sud-est algérien).

1.2.2.1. Infestation des parcelles expérimentales

Dans les parcelles retenues, nous avons noté la présence de palmiers de classes d'infestation 0,5, 1 et 2 correspondant respectivement à des densités de cochenilles d'environ 10, 60 et 120 individus par centimètre carré de folioles.

1.2.2.2. Période d'étude

D'après BOUSSAID et MAACHE (2001), la période de forte activité des cochenilles dans la région d'Ouargla débute vers la mi-mars et prend fin vers la mi-juin. La date retenue pour la réalisation de notre expérimentation est le mois de mai.

1.2.2.3. Méthodes de lutte testées.

Trois méthodes de lutte (physique, chimique et biologique) ont été testées contre la cochenille blanche. Leurs effets sur la faune auxiliaire qu'abrite le palmier dattier ont aussi été évalués.

La méthode physique, ou flambage, a consisté à traiter le palmier à l'aide de chaleur. Il s'agit de placer des déchets provenant de la palmeraie (cornafs, lifs, palmes sèches et autres débris végétaux) autour des palmiers à traiter et d'y mettre le feu. La durée du traitement est d'environ 5 minutes. Le flambage n'a pas pu être réalisé dans la parcelle P'2 pour des raisons de sécurité, la faible distance entre les arbres créant d'importants risques d'incendies. En P'1, trois arbres par classe d'infestation ont constitué des répétitions.

La méthode chimique a consisté à appliquer un produit insecticide organophosphoré agissant par contact, le Folimat ou Ométhoate à 50%, par l'intermédiaire d'un pulvérisateur à dos (un seul traitement). Toutes les parties de l'arbre, donc toutes les surfaces et l'ensemble des couronnes, ont été parfaitement imbibées. Ce traitement dure environ 25 minutes par arbre. Trois arbres ont été choisis par classe d'infestation dans chacune des parcelles P'1 et P'2 pour constituer des répétitions.

La méthode de lutte biologique a eu recours à un élevage) et un lâcher de coccinelles locales comprenant surtout des individus de l'espèce *Pharoscymnus ovoideus* Sicard mais aussi quelques individus de l'espèce *Pharoscymnus numidicus* Pic, espèces connues pour leurs performances prédatrices de la cochenille blanche (SAHRAOUI et GOURREAU, 1998). En fonction du degré d'infestation de l'arbre (classes 0,5, 1 ou 2), 10, 30 ou

60 *Pharoscymnus* ont respectivement été lâchés tôt le matin. Le nombre de répétitions a été identique à celui effectué pour la lutte chimique.

1.2.2.4. Estimation du taux de mortalité des cochenilles

Quelques heures avant les traitements et 2 jours après les traitements physique et chimique ou une semaine après le traitement biologique, nous avons procédé au prélèvement de deux folioles sur chaque couronne (couronne externe, couronne interne et cœur) de chaque arbre étudié dans les 4 directions cardinales (soit 24 folioles prélevées par arbre). Ces folioles ont été ramenées au laboratoire pour effectuer les comptages de cochenilles.

Trois centimètres carrés de chaque foliole, correspondant à une faible, une moyenne et une forte concentration de cochenilles, ont été retenus pour le comptage de tous les individus vivants (larves mobiles ou fixes des stades 1 et 2, adultes mâles et femelles). Nous avons alors obtenu trois valeurs par foliole dont nous avons fait la moyenne. La moyenne du nombre d'individus vivants a ensuite été effectuée pour chaque arbre. Les taux de mortalité (nombre d'individus avant traitement – nombre d'individus après traitement / nombre d'individus avant traitement) x100 ont enfin été calculés pour chaque arbre puis pour chaque traitement en distinguant ou non les classes d'infestation.

1.2.2.5. Estimation du taux de mortalité des prédateurs

Simultanément au prélèvement des palmes infestées par les cochenilles avant et après les traitements, nous avons dénombré les prédateurs par la méthode du secouage des palmes et la récolte sur une bâche des individus vivants, larves et adultes. Ces prédateurs sont des Coccinellidae (*Pharoscymnus ovoïdeus*, *Ph. numidicus*, *Cybocephalus seminillum* Baudi et *Stethorus punctillum* Weise) et des Chrysopidae

(*Chrysopa vulgaris* Schneider) (SAHRAOUI et GOURROU, 1998 ; KEHAT, 1968).

Nous avons de nouveau obtenu trois valeurs par foliole dont nous avons fait la moyenne. Une moyenne par arbre a été calculée avant d'estimer les taux de mortalité comme pour les cochenilles.

1.2.2.6. Statistiques

Quatre ANOVA à deux facteurs, moyen de lutte et classe d'infestation, ont été calculées sur les taux de mortalité des cochenilles et des prédateurs prélevés sur chaque arbre des parcelles P3 et P5. Les taux ont pour cela été transformés en arcsin$\sqrt{}$. Par ailleurs, pour chaque méthode de lutte, nous avons calculé la corrélation entre les taux de mortalité des cochenilles et de leurs prédateurs relevés sur chaque arbre.

1.2.3. Méthodes utilisées pour l'étude du Taux d'infestation et la morphologie de la pyrale des dattes *Ectomyeloïs ceratoniae* (Zeller) sur différentes variétés du palmier dattier *Phoenix dactylifera* L.

1.2.3.1. Calcul des taux d'infestation

Le pourcentage d'infestation des fruits à chacun de leurs stades phénologiques est calculé. Il s'agit du pourcentage de dattes renfermant au moins une larve de pyrale pour chaque arbre étudié. Les résultats obtenus sont rapportés par cultivar de palmier dattier dans chaque parcelle étudiée. Pour cela on a fait appel aux formules de calcul se rapportant au taux d'infestation pour chaque pied échantillonné et au taux d'infestation moyen pour chaque cultivar dans la même parcelle (DOUMANDJI-MITICHE, 1983).

- Taux d'infestation pour chaque pied échantillonné :

$$\text{Taux d'infestation (\%)} = \frac{\text{Nombre de dattes infestées}}{\text{Nombre de dattes échantillonnées}} \times 100$$

- Taux d'infestation moyen pour chaque cultivar dans la même parcelle :

$$\text{Moyenne du taux d'infestation (\%)} = \frac{\sum \text{Taux d'infestation des pieds}}{\text{Nombre total des pieds}} \times 100$$

Certaines des dattes précédentes, infestées et arrivées en fin de maturité, ont individuellement été placées dans des pots afin d'étudier les relations entre la taille des fruits et des papillons qui en sont issus. Ces dattes, dont le nombre a varié entre 1 et 10 selon les cultivars étudiés, ont été prélevées sur 1 à 3 arbres selon ces cultivars.

1.2.3.2. Etude de la morphologie de la pyrale des dattes

Nous avons mesuré la longueur et la largeur des fruits à l'aide de papier millimétré. La longueur des papillons issus des fruits infestés a ensuite été mesurée dans les mêmes conditions. Plusieurs corrélations entre la longueur des papillons et certains caractères des fruits ont enfin été calculées.

Nous avons comparé visuellement la couleur des dattes des divers cultivars de façon à décrire cette variabilité. Mais le but était surtout de la confronter à la variabilité de la teinte des pyrales adultes issues de chaque cultivar et de rechercher d'éventuelles relations.

1.2.3.3. Statistiques

L'interprétation statistique des données s'effectue avec le logiciel StatView 5.0 au laboratoire de biologie fonctionnelle, insectes et interactions, INSA de Lyon (France).

Afin de comparer les 4 parcelles, plantées de façon régulière ou irrégulière, nous avons effectué une ANOVA à 2 facteurs (parcelle, degré de maturité des fruits) sur les taux d'infestation des dattes de chacun des cultivars Deglet-Nour et Ghars, seuls présents dans toutes ces parcelles.

Les taux pris en compte, transformés en arcsin√p, se rapportent à un arbre (pourcentage de fruits infestés sur chaque arbre). L'effectif a été de 42 palmiers Deglet-Nour et 42 palmiers Ghars répartis comme suit : 6 en P1, 2 en P2, 24 en P3 et 10 en P4 pour le cultivar Deglet-Nour, et 6 en P1, 6 en P2, 24 en P3 et 6 en P4 pour le cultivar Ghars. Lorsque une ANOVA a indiqué une différence significative due à un facteur, des tests de comparaison multiple des taux pris deux à deux, associés à cette ANOVA et ne nécessitant pas de correction des données, ont été effectués : test PLSD (Procedure of Least Significant Différence) de Fisher.

1.2.4. Méthodes utilisés pour l'étude de l'efficacité de *Trichogramma cordubensis* Vargas & Cabello (Hymenoptera, Trichogrammatidae) vis-à-vis de la pyrale des dattes *Ectomyeloïs ceratoniae* Zeller (Lepidoptera, Pyralidae) dans la palmeraie d'Ouargla

1.2.4.1. Choix du cultivar et du nombre de pieds

Notre expérimentation a été réalisée à partir de 12 palmiers de la variété Deglet-Nour, dont 4 ont servi de témoins et 8 autres ont reçu des lâchers de trichogrammes. Ces arbres ont été choisis aléatoirement dans la parcelle.

1.2.4.2. Choix de l'espèce de trichogramme

En 1979, une espèce de *Trichogramma* capturée en Mitidja et lâchée en Algérie en 1978, 1981 et 1984, a été envoyée par S.E DOUMANDJI à l'INRA d'Antibes pour être déterminée. Celle-ci a alors été déterminée comme *T. embryophagum* Hartig. Toutefois, la souche conservée à Antibes a par la suite été réexaminée et renommée : il s'agit en fait de *T. cordubensis* (PINTUREAU, 1993). Nous avons donc utilisé une souche de *T. cordubensis* provenant de la région du Caire

(Egypte) et élevée à l'UMR INRA/INSA de Lyon « Biologie Fonctionnelle, Insectes et Interactions » (souche N° TP 63). Celle-ci a été fondée en 2004 à partir d'individus capturés sur des œufs de *Palpita unionalis* (Hübner) (Lep. Pyralidae) attaquant l'olivier.

1.2.4.3. Elevage et multiplication des trichogrammes au laboratoire

La multiplication de *Trichogramma cordubensis* est très difficile à réaliser dans les œufs de son hôte naturel *Ectomyeloïs ceratoniae*. En effet, l'élevage de cet hôte ne permet qu'un faible rendement en papillons, et les œufs pondus se collent trop fortement contre les parois du matériel d'élevage. C'est pourquoi nous avons choisi un hôte de substitution, *Ephestia kuehniella* Zeller (Lep. Pyralidae).

Le développement complet d'*E. kuehniella* a été obtenu dans des boîtes parallélépipédiques en matière plastique transparentes, dans lesquelles nous avons placé des « paillasson » de carton ondulé qui serviront de refuge pour les larves du dernier stade. Dans ces boites nous avons versé de la semoule de blé, milieu nutritif satisfaisant. Cet ensemble a enfin reçu des plaquettes recouvertes d'œufs (ensemencement). Les boîtes d'élevage, bien fermées afin d'éviter la pénétration des acariens, sont placées dans une étuve réglée à la température de 25 ± 1°C. Au bout de 45 jours en moyenne, les imagos émergent. Ces derniers sont alors recueillis dans des bocaux contenant des languettes de carton qui leurs servent de support. Chaque bocal porte un couvercle grillagé et l'ensemble retourné sur une boîte de Pétri dans laquelle nous effectuons la récolte des œufs.

Les œufs recueillis servent soit à fonder une nouvelle génération d'*E. kuehniella*, soit à la multiplication des trichogrammes. Dans ce dernier cas, les œufs âgés de 24 heures sont lavés avec de l'eau afin d'éliminer les écailles du papillon. Ces œufs sont déposés sur des languettes de carton à l'aide d'un pinceau pour former des ooplaques circulaires. Celles-ci sont alors placées dans des tubes à essai contenant des femelles du parasitoïde (1 femelle pour 25 œufs hôtes) et quelques gouttelettes de miel pour leur alimentation. Les tubes sont fermés à l'aide de coton hydrophile. Les œufs parasités virent au gris au bout du troisième jour, indiquant que les trichogrammes ont atteint l'état prénymphal. Au bout de 8 à 10 jours, les émergences des imagos ont lieu.

Ne disposant pas d'installation de stérilisation des œufs hôtes, il est nécessaire d'éliminer à l'aide d'une aiguille, chaque jour et dans chaque tube, les jeunes chenilles d'*E. kuehniella* écloses des œufs non parasités. En effet, ces chenilles peuvent s'attaquer aux œufs parasités non encore émergés (Figure 22) (Photographies 8 et 9)

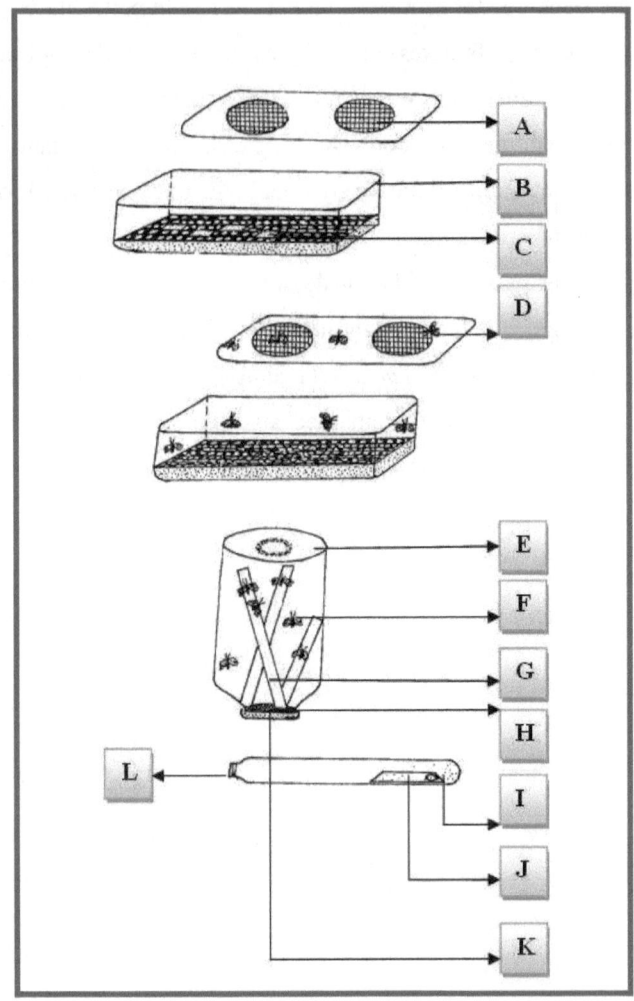

Figure 22. Méthodes de multiplication des Trichogrammes
(IDDER, 1984).
A. Aération avec toile moustiquaire fine – **B.** Boite en matière plastique –
C. Paillasson cartonné et semoule + ooplaques – **D.** Emergence imaginale
d'*E. Kuehniella* – **E.** Bocal renversé – **F.** Papillon d'*E. Kuehniella* – **G.**
Bandelette cartonnée – **H.** Grillage – **I.** Emergence des trichogrammes –
J. Œufs d'*E. Kuehniella* parasités– **K.** Œufs recueillis dans une boite de
Pétri – **L.** Lâcher d'ooparasites

Photographie 8. Récolte d'imagos d'*Ephestia kuehniella* en vue d'obtention d'œufs pour la multiplication de la pyrale de la farine et pour la multiplication des trichogrammes (IDDER, 2008)

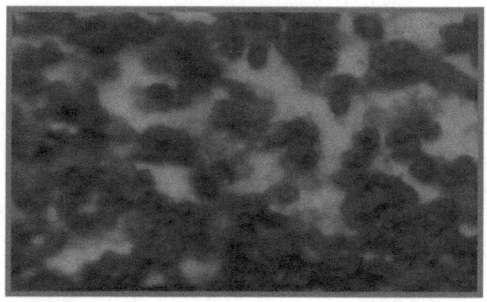

Photographie 9. Œufs d'*Ephestia kuehniella* parasités par les Trichogrammes (IDDER, 2008)

Il est à noter que notre élevage est encore à un stade artisanal, et n'a rien de comparable à ceux de certains pays, notamment européens. Certaines biofabriques automatisées de ces pays sont capables de fournir quotidiennement jusqu'à 20 millions de trichogrammes (JOURDHEUIL *et al.*, 1999 ; DAUMAL *et al.*, 1975) (Photo 10)

Photographie 10. Série de plaques formant des alvéoles remplies de semoule de blé, dans lesquelles se développent les larves de la pyrale de la farine, *Ephestia kuehniella*
(BASSO & GRILLE, 2001cités par PINTUREAU, 2009).

Les tubes à essais contenant des imagos de *T. cordubensis* déjà émergés et les ooplaques parasitées sont emballés dans du carton et transportés avec soin jusqu'à la parcelle expérimentale A2'. Ces tubes sont ouverts pour effectuer les lâchers en vue de combattre la pyrale des dattes, *Ectomyeloïs ceratoniae.*

1.2.4.4. Lâchers des trichogrammes

Les lâchers de trichogrammes doivent être synchronisés avec la période de ponte du ravageur. Nous savons que le dépôt des œufs d'*Ectomyeloïs ceratoniae* sur les dattes commence à partir du stade de début de maturité des fruits, mais les pontes sont alors très faibles (3 à 4 œufs par arbre, représentant un taux d'infestation des fruits qui ne dépasse guère 2%). Nous avons donc retenu le stade de maturité des dattes pour effectuer un unique lâcher, c'est-à-dire à la mi-octobre.

La méthode de lâcher a consisté à fixer un tube à essai renfermant 100 à 150 individus de trichogrammes au niveau d'un régime sur un arbre. Le lâcher a eu lieu 30 minutes avant le crépuscule, moment qui correspond à l'émergence des papillons d'*E. ceratoniae* et au début de leurs pontes sur les fruits.

Une semaine après le lâcher, des observations ont été effectuées afin de quantifier les œufs parasités par les trichogrammes et d'établir des pourcentages de parasitisme. Des comparaisons ont enfin été réalisées entre ces pourcentages avant et après les lâchers du parasitoïde, et parmi les arbres traités et témoins.

1.2.5. Méthodes utilisés pour l'étude de l'efficacité de la coccinelle *Stethorus punctillum* (Weise) comme prédateur de l'acarien *Oligonychus afrasiaticus* (McGregor) dans les palmeraies de la région d'Ouargla en Algérie

1.2.5.1. Choix du cultivar et du nombre de pieds

Notre expérimentation a été conduite sur la variété Deglet-Nour compte tenu de l'importance économique de ce cultivar dans la région d'étude et de son abondance dans l'exploitation considérée. 10 arbres ont été retenus à cet effet.

1.2.5.2. Choix de l'entomophage

Nous avons choisi la petite coccinelle noire très vorace, *Stethorus punctillum*, car elle se nourrit essentiellement de Tétranyques. Ce prédateur se propage bien dans la végétation où il est capable de repérer de petites colonies d'acariens. Il lui faut de deux à trois semaines pour passer de l'œuf au stade adulte. Un adulte peut consommer 75 à 100 acariens par jour quel que soit son stade, de l'œuf à l'adulte (MOULAI, 1994).

Au Canada, *S. punctillum* est utilisé comme agent de lutte biologique contre les acariens des cultures sous serres. Il consomme tous les stades de l'acarien, de l'œuf à l'adulte. En Algérie, il est considéré comme un prédateur de premier ordre des acariens du groupe des Tétranyques. Il est abondant sur les cultures de ce pays où il exerce un important effet régulateur sur les populations de ses proies. Cet effet se manifeste presque toute l'année (SAHRAOUI, 1988). *Stethorus punctillum* est ainsi fréquent dans les palmeraies de la région d'Ouargla, ainsi que dans celles de la plupart des oasis algériennes. (GUESSOUM, 1985 ; IDDER, 1991 ; YOUMBAI, 1994 ; BENZAHI, 1997).

1.2.5.3. Elevage des entomophages

L'élevage et la multiplication des coccinelles du genre *Pharoscymnus* et *Stethorus* dans les conditions de laboratoire s'effectuent dans des boites parallélépipédiques ou circulaires en matière plastique, transparentes, munies d'une ouverture d'aération. Une douzaine de boites sont ainsi préparer pour l'élevage et la multiplication des prédateurs des genres *Pharoscymnus* et *Stethorus*, dont l'alimentation est assurée par des folioles fortement infestées de cochenilles que nous renouvelons tous les 2 jours. Cette méthode est efficace, car elle nous a permis d'obtenir un grand nombre d'individus de coccinelles prêts pour les lâchers.

A défaut, ou lorsque les cochenilles arrivent à manquer dans les palmeraies, nous pouvons substituer les diaspines par des œufs *d'Ephestia kuehniella* très appréciés par les coccinelles.

L'élevage et la multiplication des prédateurs en palmeraies sont assurés par la mise en place d'une cage d'élevage de dimensions 2m x 2m x 2m, recouverte d'une toile moustiquaire très fine. Cette cage coiffe un petit et jeune palmier qui supportera de fortes contaminations de *Parlatoria blanchardi*.

Nous avons introduit au niveau des palmes une centaine d'individus du prédateur (mâles et femelles) qui se sont reproduits tout en trouvant l'alimentation nécessaire à leur développement. Cette méthode permet également d'obtenir un grand nombre de prédateurs prêts à être lâchés.

Nous avons placés dans le site (P3), 3 cages d'élevage de ce type, faciles à mettre en place, et performantes quant à l'obtention du produit biologique. Toutefois, une attention particulière et un suivi permanent des élevages sont recommandés pour faire face aux aléas climatiques ou l'introduction accidentelle d'ennemis indésirables, telles que les araignées.

1.2.5.4. Récolte des entomophages dans les palmeraies

Pour y remédier à l'échec survenu dans la multiplication de l'entomophage dans les conditions de laboratoire, nous avons entrepris une opération de récolte des entomophages dans d'autres palmeraies (BERGUIGA, 2003) afin de réaliser nos lâchers Pour récolter les entomophages ainsi que la faune qui y est associée, nous avons prospecté 6 palmeraies où *S. punctillum* se trouve en grand nombre.

Un seul lâcher a été effectué le 17 juillet 2003 au stade de début de maturité des fruits.

Les prédateurs, *S. punctillum* mais aussi les autres espèces présentes, ont ainsi été prélevés dans 6 palmeraies. La méthode de récolte a consisté à disposer une bâche sur le sol, à secouer énergiquement les djerrids et à placer les prédateurs dans des tubes à essais. Ceci a permis d'établir un inventaire des espèces prédatrices présentes sur les palmiers et de rassembler un grand nombre de *S. punctillum* en vue de satisfaire les besoins des lâchers.

1.2.5.5. Lâchers inoculatifs de *Stethorus punctillum*

Les lâchers ont été entrepris le 17 juillet 2002 sur 6 palmiers dattiers de la variété Deglet-Nour au stade de début de maturité des fruits. Trois arbres étaient moyennement infestés par le Boufaroua. Deux arbres témoins sans lâcher, ont été retenu pour chaque catégorie d'infestation afin d'établir des comparaisons.

Tous ces arbres ont été d'abord choisis visuellement, puis leur degré d'infestation a été confirmé par des comptages au laboratoire.

Les lâchers ont concerné 20 ou 40 individus (larves et adultes) de *Stethorus punctillum* par régime, respectivement sur les arbres moyennement et fortement infestés, soit un effectif moyen de 250 et 450 acariphages par arbre.

Le taux d'infestation par le Boufaroua a été contrôlé juste avant les lâchers, puis une semaine après sur chacun des 6 palmiers traités et sur les 4 témoins. Pour cela, nous avons prélevé 100 fruits par arbre de façon aléatoire sur les différents régimes.

Nous avons comparé le taux d'infestation des dattes en fonction de leur degré de maturité à l'aide d'une ANOVA à un facteur. D'autres ANOVAs, mais à deux facteurs (degré d'infestation des arbres et traitement subi), ont permis de comparer les taux d'infestation avant et après les lâchers de coccinelles.

Pour effectuer ces lâchers, deux tentatives de multiplication de l'entomophage ont été menées dans les conditions du laboratoire, la première en mars 2002 et la deuxième en avril de la même année. Une centaine d'individus a été récoltée dans les palmeraies de Mekhadma et placée dans 4 boîtes en matière plastique de forme parallélépipédique (30 x 10 x 10 cm). Chaque boîte, munie d'une ouverture recouverte d'une toile à mailles fines pour assurer l'aération, a ainsi reçu 25 individus de *Stethorus punctillum* sans distinction de sexe. L'alimentation a été assurée chaque jour par des folioles de palmiers dattiers infestés par la cochenille *Parlatoria blanchardi* TARG. Bien acceptée comme proie (KEHAT, 1968 ; GUESSOUM, 1988).

Les élevages ont été conduits dans des conditions de température variant entre 18 et 25°C avec une humidité relative moyenne de 52%. Cette méthode de multiplication des coccinelles a été testée à deux reprises et s'est soldée par un échec. En effet, une mortalité progressive et importante des individus de *S. punctillum* est apparue si bien qu'au bout de 11 jours dans un premier cas et 16 jours dans l'autre, aucun individu ne survivait. Les causes de ces échecs peuvent être nombreuses : alimentation non adéquate, conditions de températures et d'humidité défavorables, matériel d'élevage inadapté, etc.

Nous avons alors décidé de récolter les entomophages nécessaires aux lâchers dans d'autres palmeraies.

1.2.5.6. Estimation du taux d'infestation par *Oligonychus afrasiaticus*

Le taux d'infestation d'un arbre est le nombre moyen d'acariens présents sur les fruits. La mesure a été effectuée sur 10 palmiers dattiers désignés et répétée sur les mêmes arbres au cours de la saison de production. Dix fruits ont été prélevés sur chacun des régimes de chaque arbre à l'aide d'un sécateur et placés ensemble dans un sac en plastique fermé hermétiquement de sorte à éviter la sortie des acariens. Au laboratoire, chacun des 10 échantillons correspondant à un arbre est plongé dans l'alcool à 40% afin de récupérer les acariens. Après filtration du liquide à travers une mousseline à mailles très fines, les acariens sont récupérés dans des boîtes de Pétri et comptés sous loupe binoculaire.

L'estimation du taux d'infestation a débuté au stade de nouaison des fruits (début mai 2003) pour prendre fin au stade de fin de maturité des fruits (fin septembre 2003) dans la région de Hassi Ben Abdallah. Quatre stades phénologiques ont ainsi été pris en considération, nouaison, grossissement des fruits, début et fin de maturité des fruits.

1.2.5.7. Statistiques

Nous avons comparé le taux d'infestation des dattes en fonction de leur degré de maturité à l'aide d'une analyse de variance à un facteur.

D'autres analyses de variances, mais à 2 facteurs (degré d'infestation des dattes et traitement subi), ont permis de comparer les taux d'infestation avant et après les lâchers des coccinelles.

1.2.6. Autres méthodes utilisées

1.2.6.1. Méthode d'observation à l'œil nu

Basée sur l'observation minutieuse des différentes parties de l'arbre, cette méthode s'applique généralement aux insectes qui se déplacent lentement comme les coccinelles ou arachnides par exemple. Un tube à essai de petite taille permettra de récupérer les individus qui circulent sur les palmes ou des larves dissimulées au niveau de l'insertion des folioles.

1.2.6.2. Méthode de ramassage des dattes

Le ramassage des dattes tombées à terre ou à l'intérieur du cœur et des cornafs du palmier dattier constitue une méthode très efficace pour récolter les espèces parasites, notamment d'*Ectomyeloïs ceratoniae* et de *Parlatoria blanchardi*. Les fruits ramassés au terrain sont placés dans un premier temps dans du papier kraft.

1.2.6.3. Méthode de secouage des folioles des palmiers dattiers

Cette méthode consiste tout simplement à secouer énergétiquement les palmes du palmier dattier, et récupérer les arthropodes sur une bâche que nous avons placé au préalable au niveau du sol. Cette opération nécessite au moins 2 personnes et doit s'exécuter d'une façon rapide.

1.2.6.4. Méthode d'observation des parasitoïdes

Les dattes, ainsi que des morceaux de folioles sont mis dans des bocaux dont la fermeture est assurée par une toile moustiquaire fine qui empêchera la fuite des auxiliaires. Cette méthode est très efficace pour la capture des parasitoïdes d'*Ectomyeloïs ceratoniae et de Parlatoria blanchardi* (IDDER, 1992).

1.2.6.5. Au niveau du laboratoire

Le travail au laboratoire est une phase très importante. Les spécimens capturés sont préparés à l'aide d'un matériel spécifique pour leur identification et leur classification dans les boites de collection.

Chapitre 2. Résultats

2.1. Résultats relatifs à la dynamique des populations de *Parlatoria blanchardi*

2.1.1. Evolution des effectifs des différents stades de la cochenille blanche

Les indices d'EUVERTE concernant les larves et les adultes pris séparément, ainsi que l'ensemble des stades au cours de chaque mois de l'année d'étude sont reportés dans le Tableau 5.

Tableau 5. Evolution des effectifs des différents stades de la cochenille blanche estimés durant la période allant de novembre 1999 à octobre 2000.

Mois	Lm			L1+L2			Femelles			Mâles			Effectif total
	Vivantes	Mortes	Total	Vivantes	Mortes	Total	Vivantes	Mortes	Total	Vivants	Morts	Total	
Novembre	5	1	6	12	0	12	4	6	10	8	0	8	36
Décembre	1	0	1	14	5	19	4	13	17	5	3	8	45
Janvier	0	2	2	2	19	21	4	1	5	0	8	8	36
Février	0	0	0	7	10	17	9	3	12	8	12	20	49
Mars	1	2	3	13	7	20	28	11	39	8	12	20	82
Avril	9	7	16	7	8	15	21	7	28	1	6	7	66
Mai	3	6	9	13	20	33	8	31	39	3	9	12	93
Juin	3	2	5	11	13	24	7	20	27	2	1	3	59
Juillet	5	2	7	10	2	12	15	3	18	1	1	2	39
Août	2	2	4	10	3	13	12	5	17	2	2	4	38
Septembre	3	9	12	12	6	18	26	23	49	2	0	2	81
Octobre	6	1	7	13	1	14	14	3	17	4	0	4	42

Lm : larve mobile, L1 : larve de stade 1, L2 : larve de stade 2.

2.1.2. Dynamique des populations de *Parlatoria blanchardi*

L'effectif des larves mobiles vivantes passe par trois maxima, le premier en avril, le deuxième en juillet et le troisième en octobre. La mortalité de ces larves est surtout observée en avril et en septembre. L'ensemble des larves mobiles accuse ainsi 2 pics marqués en avril et septembre et un moins net en juillet (Figure 23 A). Ces résultats se démarquent légèrement de ceux rapportés pour le Maroc par SMIRNOFF

(1952), qui signale l'absence de larves mobiles au mois d'août. Dans ce pays, cette absence s'explique par des maladies bactériennes et des acariens prédateurs qui déciment la presque totalité des jeunes femelles en été.

Les larves vivantes des stades fixes 1 et 2 font apparaître deux principales périodes d'activité. La première présente un maximum au mois de mars et est relativement courte. La deuxième période commence au mois de mai et est plus longue puisqu'elle ne se termine qu'en décembre. Les mortalités les plus importantes des larves 1 et 2 sont notées après chacune des périodes d'activité, c'est à dire en mai et en janvier (Figure. 23 B). Ces deux mois connaissent aussi des maxima pour l'ensemble des larves, vivantes ou mortes.

L'évolution des femelles vivantes montre 2 phases de forte activité. La première a lieu en mars et avril et la deuxième de juillet à octobre (Figure 23 C). La mortalité de ce sexe est importante en mai et juin. Elle est également forte en septembre et un moindre degré en décembre.

Enfin, l'évolution des mâles vivants fait apparaître 2 pics principaux, le premier en février et mars, et le deuxième en septembre. La mortalité de ce sexe est très élevée durant sa première phase d'activité, mais beaucoup moins durant sa deuxième phase (Figure 23D).

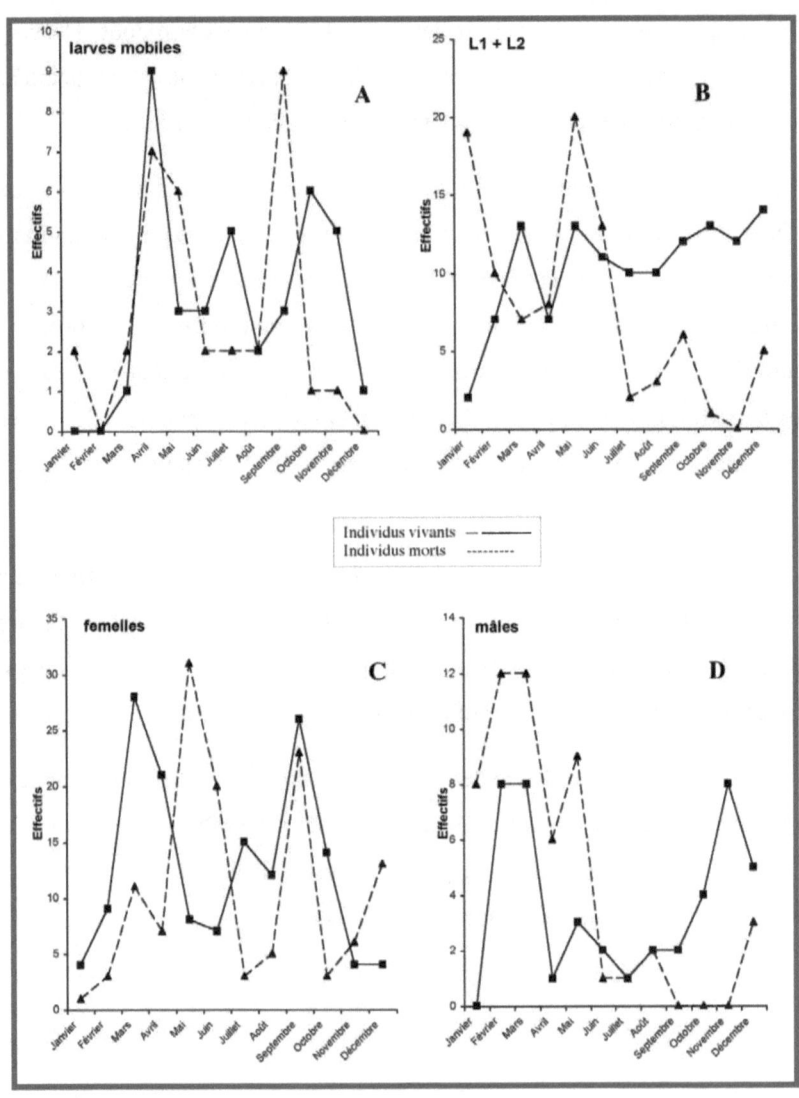

Figure 23. Dynamique des populations de *Parlatoria blanchardi* (A : larves mobiles, B : L1+L2, C : adultes femelles, D : adultes mâles) durant une année (janvier à octobre 2000, et novembre-décembre 1999) dans la région de Ouargla.

2.1.3. Effectifs totaux de la population de *Parlatoria blanchardi*

Selon LAUDEHO et BENASSY (1969), la température est le facteur primordial influençant la durée du cycle. Les températures ont donc été enregistrées durant la période d'échantillonnage et des moyennes mensuelles ont été calculées à partir des moyennes journalières (Tableau 6).

Tableau 6. Moyennes mensuelles des températures durant la période allant de novembre 1999 à octobre 2000 dans la région d'Ouargla.

Nov.	Déc.	Janv.	Fév.	Mars	Avril	Mai	Juin	Juil.	Août	Sept.	Oct.
16,2	11,6	9,2	12,7	17,9	23,4	28,8	31,2	33,7	34,0	30,1	21,8

La cochenille blanche se multiplie surtout au printemps et à la fin de l'été (Fig. 24), et donc lorsque les températures moyennes sont modérées ou commencent à décroître. L'activité de la population est beaucoup plus faible pendant le reste de l'année alors que les températures sont soit très élevées pendant la période estivale, soit relativement basses pendant la période hivernale. La diminution des effectifs durant les périodes défavorables est due à la fois à des taux élevés de mortalité et au ralentissement du développement de l'insecte.

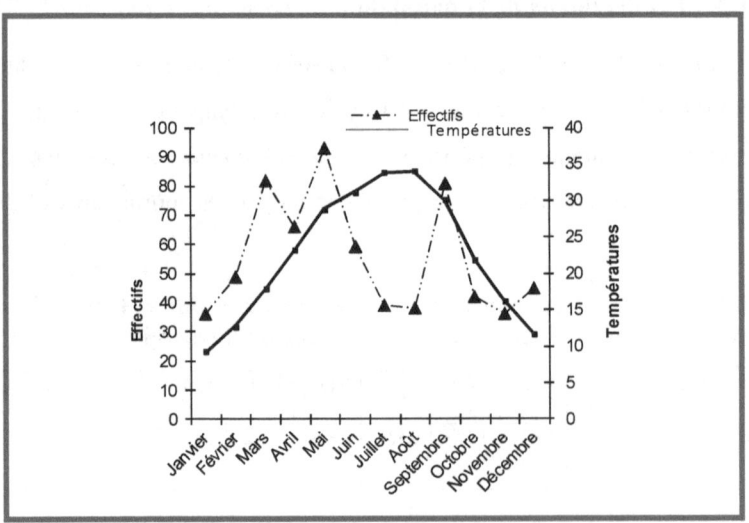

Figure 24. Effectifs totaux (larves et adultes, vivants ou morts) de la population de *Parlatoria blanchardi* au cours d'une année dans la région de Ouargla (novembre-décembre 1999, janvier à octobre 2000), et leurs relations avec la température moyenne.

2.1.4. Evolution des effectifs de *Parlatoria blanchardi*

Les effectifs de cochenilles vivantes semblent indiquer l'existence de 3 générations annuelles (Figure 25). La première génération commencerait en février et s'étendrait jusqu'en juin (durée : 5 mois). Il s'agirait de la génération la plus importante au cours de laquelle la mortalité des individus est d'abord relativement faible puis très forte. La deuxième génération semble plus courte puisqu'elle ne durerait que 2 mois (de juillet à août). Les effectifs seraient moins importants que ceux de la précédente génération, ce qui pourrait s'expliquer par une mortalité relativement forte à son début. Quant à la troisième génération, elle débuterait en septembre pour prendre fin en janvier (durée : 5 mois). Elle compterait rapidement un maximum d'individus au mois de septembre malgré une mortalité en forte croissance. Celle-ci diminuerait toutefois peu de temps après (Figure 25).

125

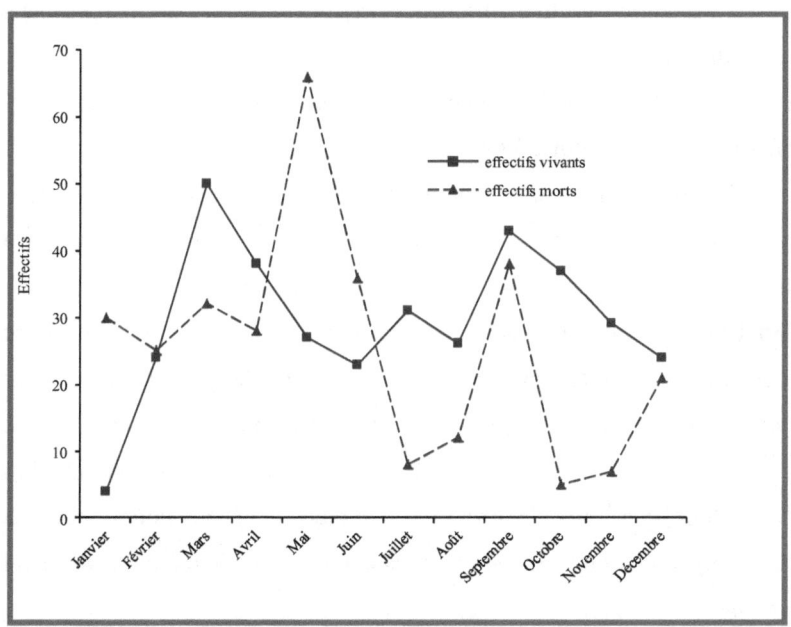

Figure 25. Evolution des effectifs totaux de *Parlatoria blanchardi* (larves et adultes) en distinguant les individus vivants et morts, de manière à faire apparaître les générations existant dans la région de Ouargla au cours d'une année (janvier à octobre 2000 et novembre-décembre 1999).

2.1.5. Durée des générations de la cochenille blanche du palmier dattier dans trois stations d'Afrique du Nord

Des travaux similaires ont été menés à Sidi-Okba, en Algérie (DJOUDI, 1992) et à Tata, au Maroc (SMIRNOFF, 1951, 1952), régions au climat similaire à celui de Ouargla. Il est alors possible de mener des comparaisons afin d'apprécier la variabilité de la durée des générations (Tableau 7). Dans les localités étudiées, il a été constaté un même nombre de générations par an, même si SMIRNOFF (1952) indique une quatrième génération tout à fait partielle à Tata. Des différences, certainement dues aux facteurs climatiques et notamment à la température ayant régné durant les différentes années d'étude, sont toutefois constatées :

126

- la 1ère génération semble commencer et finir plus tard à Ouargla, mais durer moins longtemps,

- la 2ème génération semble commencer plus tard à Ouargla et finir plus tôt à Tata, elle serait plus courte à Ouargla,

- la 3ème génération semble également commencer plus tard à Ouargla, surtout par rapport à Tata, et durer plus longtemps (surtout par rapport à Sidi-Okba où 2 semaines n'ont pas été prises en compte).

En 1992, DJOUDI a caractérisé l'importance des générations en tenant compte de leur durée. Selon nous, la génération la plus importante est toutefois celle qui provoque les dégâts les plus importants. Cette importance peut être ramenée à la densité moyenne des cochenilles vivantes telle que nous l'avons précédemment calculée. Pour obtenir la densité moyenne d'une génération, nous avons adopté la méthode de calcul suivante :

$$D_n = \sum \frac{M_i}{J_i}$$

avec M_i = densité moyenne de cochenilles au cours du mois i durant lequel se déroule la génération étudiée, et J_i = nombre de jours du mois i au cours duquel se déroule la génération étudiée.

L'importance relative d'une génération d'une année peut être quantifiée en calculant le pourcentage suivant :

$$I_n = \frac{Dn_i}{\sum Dn} \times 100$$

La première génération (G1), de février à juin, a ainsi une importance de 45,7% ; la deuxième génération (G2), de juillet à août, a une importance de 15,6% ; et la troisième génération (G3), de septembre à janvier, a une importance de 38,7%. Ceci confirme l'importance des générations G1 et G3, la deuxième génération étant affectée par les fortes températures estivales.

Tableau 7. Durée des générations de la cochenille blanche dans trois stations d'Afrique du nord, au cours de trois années différentes.

Localités	Première génération Limite	Durée	Deuxième génération Limite	Durée	Troisième génération Limite	Durée
Ouargla (Algérie, 1999-2000)	février - juin	150 J	juillet - août	62 J	septembre - janvier	153 J
Sidi-Okba (Algérie, 1992)	9 septembre - 18 mars	191 J	18 mars - 15 juillet	119 J	15 juillet - 26 août	41 J
Tata (Maroc, 1952)	1er septembre - 20 mars	201 J	20 mars - 15 juin	87 J	15 juin - 31 août	76 J

L'évolution des effectifs de larves mobiles de la cochenille blanche passe par trois maxima, le premier en avril, le deuxième en juillet et le troisième en octobre. La mortalité de ces larves est surtout observée durant les mois d'avril et de septembre. Les larves des stades fixes 1 et 2, présentent deux périodes d'activité, la première ayant lieu en mars et la deuxième de mai à décembre. La mortalité de ces stades est surtout forte à l'issue de ces 2 périodes. L'évolution des adultes mâles connaît aussi deux maxima, le premier en février - mars et le deuxième en novembre. La mortalité de ce sexe est surtout observée durant sa première période de grande fréquence. De même, les adultes femelles passent par 2 périodes de forte activité mais réparties différemment : en mars et avril, puis de juillet à octobre. La mortalité de ce sexe est surtout observée après sa première phase d'activité et au cours de sa deuxième phase d'activité.

Les effectifs de la cochenille blanche subissent donc une régression importante à partir de la moitié de l'automne et jusqu'à la fin de l'hiver, c'est à dire au moment où les températures sont les plus basses. Une autre période de régression des effectifs est notée durant les mois de juillet et d'août sous l'effet des hautes températures. Le facteur température permet d'ailleurs de distinguer trois dynamiques de développement des populations : un développement optimal lorsque la température moyenne est comprise entre 20 et 30°C, un développement très faible à nul lorsque la température moyenne est inférieure à 16°C ou supérieure à 33°C, et un développement ralenti lorsque la température moyenne est comprise entre 16 et 19°C ou entre 31 et 33°C.

Dans la région de Ouargla, nous avons pu déterminer l'existence de trois générations de *Parlatoria blanchardi*, une première génération hiverno-printanière, une deuxième génération estivale et une troisième génération estivo-automnale. La génération G1 est la plus importante en termes d'effectifs et donc de dégâts. La génération G3 est aussi relativement importante contrairement à la génération G2.

En termes d'effectifs et donc de dégâts, la génération G3 est aussi relativement importante contrairement à la génération G2.

2.1.6. Ennemis naturels recensés

Dans les palmeraies de Ouargla, après de longues années de prospection et de recherche, nous avons pu identifier 3 entomophages et 1 parasite de *Parlatoria blanchardi*. Il s'agit de *Pharoscymnus numidicus* (Photographie 11), *Pharoscymnus ovoïdeus* (Photographie 12), *Cybocephalus seminillum* (Photographie 13), *Chrysopa vulgaris* (Photographie 14) et *Aphytis mytilaspidis* (photographie 15).

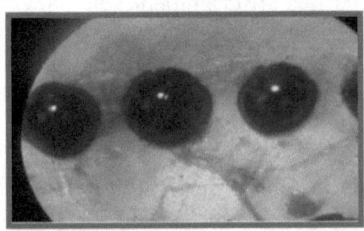

Photographie 11. *Pharoscymnus numidicus*
prédateur *de P. blanchardi* (x 10) (IDDER, 2008)

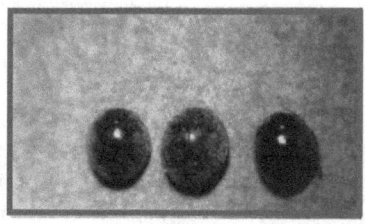

Photographie 12. *Pharoscymnus ovoïdeus*
prédateur *de P. blanchardi* (x 8) (IDDER, 2008)

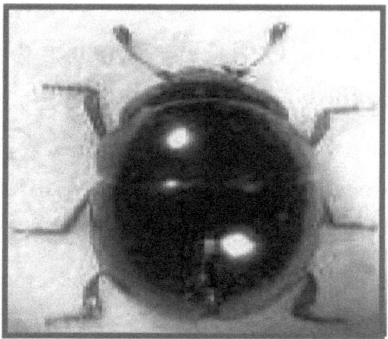

Photographie 13. *Cybocephalus seminillum*
prédateur *de P. blanchardi* (x16)(MEBARKI, 2009)

Photographie 14. *Chrysopa vulgaris* (Nevroptera, Chrysopidae)
Prédateur *de P. blanchardi* (x 25) (MEBARKI, 2008)

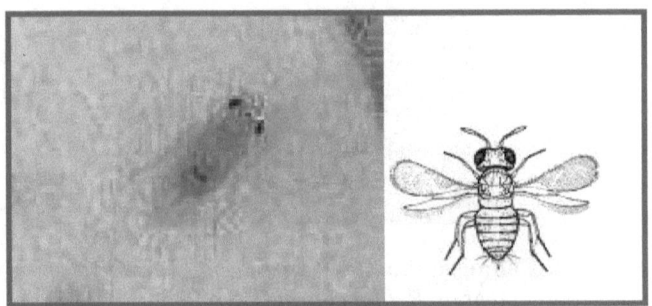

Photographie 15. *Aphytis mytilaspidis* parasite de *P. blanchardi* (x 25)
(SELLIER, 1959)

2.2. Résultats concernant l'efficacité comparée de trois méthodes de lutte contre la cochenille blanche du palmier dattier

2.2.1. Mortalité des cochenilles sous l'effet des différentes méthodes de lutte

La méthode de lutte physique a eu la plus grande incidence sur la mortalité des cochenilles blanches. La lutte chimique a également eu un impact important sur les populations de ce ravageur, bien qu'elle ait plus agi sur les larves mobiles que sur les formes protégées par un bouclier (larves fixes et adultes). La lutte biologique a par contre conduit à des taux de mortalité des cochenilles plus faibles (Tableau 8).

Tableau 8. P ourcentages de mortalité des cochenilles blanches sous l'effet de différentes méthodes de lutte dans deux parcelles P3 et P5 de palmiers dattiers répartis en classes d'infestation (0,5, 1 et 2).

Parcelles	P3				P5		
Infestations	Cl. 0,5	Cl. 1	Cl. 2	Ensemble	Cl. 1	Cl. 2	Ensemble
Lutte physique	88,99	94,31	93,06	92,17	-	-	-
Lutte chimique	62,52	72,23	85,91	73,22	74,88	86,83	80,05
Lutte biologique	20,20	20,83	14,32	18,11	20,68	19,59	19,06

2.2.2. Mortalité des auxiliaires sous l'effet des différentes méthodes de lutte

L'ANOVA effectuée sur les taux de mortalité des cochenilles relevées dans la parcelle P1 donne des résultats très significatifs ($p < 0,0001$) pour le facteur « moyen de lutte », mais pas pour le facteur « classe d'infestation » ($p = 0,27$) ou l'interaction entre les facteurs ($p = 0,06$). Ainsi, la lutte physique est plus efficace que la lutte chimique, et cette dernière est plus efficace que la lutte biologique (test PLSD de Fisher, $p < 0,0001$), quelle que soit l'importance de l'infestation. Sur les données de la parcelle P2, où la lutte physique n'a pas été testée, et où la classe d'infestation 0,5 est absente, l'ANOVA est également très significative ($p < 0,0001$) pour le facteur « moyen de lutte », mais elle est aussi significative pour le facteur « classe d'infestation » ($p = 0,01$) et l'interaction entre les facteurs ($p = 0,005$). Lorsque seule la lutte chimique est comparée à la lutte biologique, la première reste donc plus efficace que la seconde mais surtout lorsque l'infestation est relativement élevée (classe 2 plutôt que classe 1).

L'étude des taux de mortalité des auxiliaires indique que les trois méthodes de lutte ont eu des effets relatifs identiques à ceux constatés sur les cochenilles. Nous remarquons toutefois une différence pour la lutte biologique qui induit une mortalité non pas faible mais nulle (Tableau 9).

Tableau 9. Pourcentages de mortalité des auxiliaires sous l'effet de différentes méthodes de lutte utilisées contre les cochenilles blanches dans deux parcelles P3 et P5 de palmiers dattiers répartis en classes d'infestation (0,5, 1 et 2).

Parcelles	P3				P5		
Infestations	Cl. 0,5	Cl. 1	Cl. 2	Ensemble	Cl. 1	Cl. 2	Ensemble
Lutte physique	85,92	91,46	90,72	89,36	-	-	-
Lutte chimique	76,02	78,42	81,92	78,78	80,65	83,89	82,27
Lutte biologique*	00	00	00	00	00	00	00

* Plus de prédateurs ont été comptabilisés après le traitement qu'avant le traitement, ce qui donne des pourcentages de mortalité négatifs que nous avons ramenés à 0.

L'ANOVA effectuée sur les taux de mortalité des prédateurs relevés dans la parcelle P3 donne des résultats très significatifs ($p < 0,0001$) pour le facteur « moyen de lutte », mais pas pour le facteur « classe d'infestation » ($p = 0,88$) ou l'interaction entre les facteurs ($p = 0,99$). Ainsi la lutte physique est plus néfaste que la lutte chimique et cette dernière est beaucoup plus néfaste que la lutte biologique (test PLSD de Fisher, $p = 0,005$ entre les luttes physique et chimique, et $p < 0,0001$ entre la lutte biologique et les 2 autres moyens de lutte), quelle que soit l'importance de l'infestation. Les résultats de l'ANOVA effectuée sur les données de la parcelle P5 sont identiques : $p < 0,0001$ pour le facteur « moyen de lutte », $p = 0,68$ à la fois pour le facteur « classe d'infestation » et pour l'interaction entre les facteurs.

La méthode de lutte physique présente de nombreux avantages. Elle est efficace puisqu'elle élimine rapidement un grand nombre de cochenilles. Elle a un faible coût puisqu'elle fait appel à des produits issus de la palmeraie comme le lif, les cornafs et les débris végétaux, ce qui contribue beaucoup au nettoyage de la parcelle. Elle est facile à mettre en pratique puisqu'elle ne nécessite aucune technicité élevée et peut être appliquée à n'importe quel moment de l'année. Elle présente toutefois aussi de grands inconvénients. Cette méthode est en effet inefficace sur des arbres trop hauts où les parties infestées sont insuffisamment atteintes par la chaleur. Elle induit par ailleurs de réels risques d'incendies en palmeraie traditionnelle où la densité de plantation est importante. En outre, elle a un important impact négatif sur les prédateurs.

La méthode de lutte chimique est également efficace puisqu'elle permet d'obtenir une rapide et forte mortalité des cochenilles. De plus, elle peut être appliquée à la plupart des palmeraies lorsque le matériel approprié est disponible (lorsque les palmiers sont hauts, ce matériel fait souvent défaut). Les inconvénients de la méthode concernent d'abord le coût très élevé des pesticides qui dépasse les capacités financières de nombreux agriculteurs. Elle est en outre polluante pour l'environnement et toxique pour l'homme et les animaux, notamment les prédateurs. Son application répétée dans le temps et dans l'espace peut ainsi déstabiliser l'équilibre naturel fragile des palmeraies. Elle peut enfin induire des phénomènes de résistance chez les ravageurs et devenir inutilisable, ce qui réduirait d'autant la panoplie de moyens disponibles dans une optique de lutte intégrée.

La lutte biologique, quant à elle, présente l'avantage de n'être pas toxique et notamment de préserver l'ensemble des prédateurs. Elle ne perturbe pas le fragile équilibre des écosystèmes sahariens. Son application, demandant un matériel simple et peu d'efforts, peut atteindre tous les arbres quel que soit le type de palmeraie. Elle a pour inconvénient d'être encore peu efficace, mais elle est améliorable. Elle nécessite en outre un certain degré de technicité pour mener à bien les élevages destinés à multiplier les auxiliaires et pour suivre régulièrement les relations auxiliaires-ravageurs existant dans les palmeraies.

2.2.3. Relation entre les pourcentages de mortalité occasionnés

Si, globalement, il existe une relation entre les mortalités des cochenilles et des prédateurs occasionnées par les trois méthodes de lutte étudiées, cette relation disparaît au niveau de chaque arbre pour un moyen de lutte donné (Figure 26). A ce niveau, il n'y a ainsi pas de corrélation entre les taux de mortalité du ravageur et de ses prédateurs à l'issue de la lutte physique (r = 0,18, n = 9) ou de la lutte chimique (r = 0,28, n = 15). Ce calcul n'a pas pu être effectué pour la lutte biologique qui n'a provoqué aucune mortalité des prédateurs

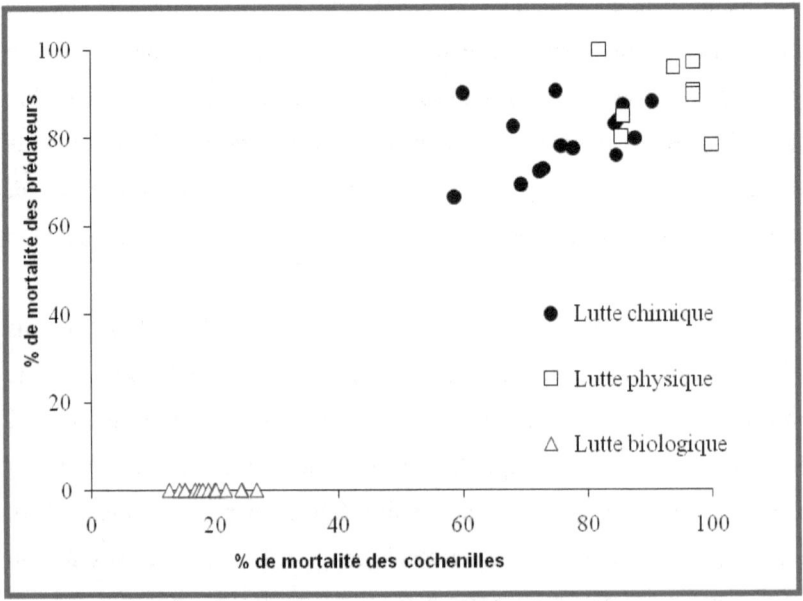

Figure 26. Relation entre les pourcentages de mortalité occasionnés sur chaque arbre étudié, d'une part aux cochenilles blanches et d'autre part à leurs prédateurs, par trois moyens de lutte, physique, chimique et biologique.

2.3. Résultats concernant le taux d'infestation et morphologie de la pyrale des dattes *Ectomyeloïs ceratoniae* (Zeller) sur quelques cultivars de palmier dattier *Phoenix dactylifera* L.

Cette étude a pour objectif de préciser l'influence de la pyrale sur la production de dattes à Ouargla et de mesurer sa variabilité en fonction des cultivars. Elle vise aussi à rechercher d'éventuels effets des cultivars de dattes sur les pyrales, et plus précisément sur la taille et la coloration des papillons, et de recenser d'éventuels parasitoïdes.

2.3.1. Influence de la pyrale sur le palmier dattier

L'ANOVA à 2 facteurs (parcelle et maturité) menée sur le cultivar Deglet-Nour ne permet de détecter ni différence de taux d'infestation entre les parcelles, ni interaction entre les facteurs parcelle et stade de maturité, mais montre une différence significative d'infestation selon la maturité du fruit (Tableau 10). Pour le cultivar Ghars, le degré de maturité conduit aux mêmes différences, mais les parcelles divergent également. L'interaction entre les facteurs est ici significative, ce qui suggère que le taux d'infestation de ce cultivar varie avec le stade de maturité de façon différente selon les parcelles (Tableau 10). Dans ces 2 analyses, les différences entre l'infestation des fruits plus ou moins matures ne concernent que le stade de fin de maturité, plus infesté, et les 2 autres stades : selon le test PLSD de Fisher, $p < 0,0001$ entre les stades de grossissement et de fin de maturité pour les 2 cultivars, et entre les stades de début et de fin de maturité pour le cultivar Deglet-Nour ; $p = 0,003$ entre les stades de début et de fin de maturité pour le cultivar Ghars, $p > 0,05$ entre les stades de grossissement et de début de maturité pour les deux cultivars.

En ce qui concerne les différences entre parcelles pour le cultivar Ghars, celles-ci sont tout à fait modestes puisqu'elles ne portent que sur 2 parcelles (1 comparaison sur les 6 possibles) : la P3 non entretenue et avec une densité de 120 arbres/ha est plus infestée que la P4 entretenue et qui présente une densité plus faible (64 arbres/ha), p=0,004 selon le test PLSD de Fisher.

Dans une optique de simplification, nous avons donc décidé de regrouper l'ensemble des parcelles pour la suite des analyses visant à comparer les cultivars. Une seule ANOVA a en conséquence été réalisée dans ce but. Cette analyse montre une différence significative entre les cultivars (p<0,0001) et les degrés de maturité des fruits (p<0,0001), l'interaction entre les facteurs étant également significative (p=0,029). Pour ce qui est de l'influence de la maturité des fruits, le test PLSD de Fisher montre les mêmes différences que dans les ANOVAs préliminaires (p<0,0001).

Pour ce qui est de l'influence des cultivars, le test PLSD de Fisher suggère l'existence d'au moins 2 groupes, un groupe de cultivars présentant de fortes infestations et un autre présentant des infestations moyennes à faibles (Tableau 11). Le groupe le plus infesté comprend les cultivars Takermoust, Timjouhart, Bayd-Hmam et Mizit avec des taux d'infestation des fruits en fin de maturité qui atteignent respectivement 57%, 30%, 20% et 15% (Tableau 12). Le deuxième groupe comprend des cultivars moyennement infestés, tels que Deglet-Nour et Degla-Beida présentant des taux d'infestation des fruits matures pouvant atteindre respectivement 13,2% et 9,7%, et des cultivars très peu infestés, comme Ghars, Tafezouine et Ben-Azizi avec des taux d'infestation n'atteignant respectivement que 3,3%, 3,3% et 1,7% (Tableau. 12).

Tableau 10. ANOVAs à 2 facteurs (parcelles, degré de maturité des fruits) effectuées sur le taux d'infestation des fruits de 2 cultivars de palmier dattier, valeur de p pour chaque facteur et leur interaction.

	Parcelle	Maturité	Interaction
Cultivar Deglet-Nour N = 42	0,2752	0,0020	0,2139
Cultivar Ghars N = 42	0,0026	0,0001	0,0077

N= nombre d'arbres étudiés.

Tableau 11. Seuils de signification des différences entre taux d'infestation des 13 cultivars de dattes étudiés, d'après le test PLSD de Fisher, après une ANOVA à 2 facteurs (cultivars, degrés de maturité des fruits). Les cultivars les plus infestés se trouvent à gauche ou en haut du tableau.

Tak	Tim	BaH	Miz	DgN	DgB	Ham	Har	Tam	Tic	Taf	Gha	BAz	Cultivars
-	>0,05	>0,05	>0,05	<0,01	<0,01	<0,01	>0,05	0,02	>0,05	0,03	<0,01	0,01	Takermoust (Tak)
	-	>0,05	>0,05	<0,01	<0,01	<0,01	0,04	0,01	0,03	0,02	<0,01	<0,01	Timjouhart (Tim)
		-	>0,05	>0,05	>0,05	0,04	>0,05	>0,05	>0,05	>0,05	0,01	>0,05	Bayd-Hmam (BaH)
			-	>0,05	0,02	0,01	>0,05	>0,05	>0,05	>0,05	<0,01	0,05	Mizit (Miz)
				-	>0,05	>0,05	>0,05	>0,05	>0,05	>0,05	<0,01	>0,05	Deglet-Nour (DgN)
					-	>0,05	>0,05	>0,05	>0,05	>0,05	>0,05	>0,05	Degla-Beida (DgB)
						-	>0,05	>0,05	>0,05	>0,05	>0,05	>0,05	Hamraya (Ham)
							-	>0,05	>0,05	>0,05	>0,05	>0,05	Harchaya (Har)
								-	>0,05	>0,05	>0,05	>0,05	Tamsrit (Tam)
									-	>0,05	>0,05	>0,05	Ticherwit (Tic)
										-	>0,05	>0,05	Tafezouine (Taf)
											-	>0,05	Ghars (Gha)
												-	Ben-Azizi (BAz)

Tableau 12. Pourcentage de dattes de chaque cultivar infestées par la pyrale, dans les quatre parcelles P1 à P4.

Cultivars(n)*	P1			P2			P3			P4		
	GF	DM	FM	GF	DM	FM	GF	DM	FM	GF	DM	FM
Bayd-Hmam (30)	-	-	-	-	-	-	0	3,3	20,0	-	-	-
Ben-Azizi (60)	0	1,7	1,7	-	-	-	-	-	-	-	-	-
Degla-Beida (300)	-	-	-	-	-	-	0	6,4	9,7	-	-	-
Deglet-Nour (180, 60, 720, 300)	0	0,5	3,9	0	0	5,0	0	1,1	13,2	0	0	1,0
Ghars (180, 180,720, 180)	0	1,1	1,1	0	0	3,3	0	0	2,2	0	0	0
Hamraya (260)	-	-	-				0	0	6,7	-	-	-
Harchaya (30)	-	-	-	0	0,4	6,0				-	-	-
Mizit (60)	0	1,7	15,0	-	-	-	-	-	-	-	-	-
Tafezouine (60)	0	3,3	3,3	-	-	-	-	-	-	-	-	-
Takermoust (60, 30)	2,0	1,7	11,7	10,0	0	56,7	-	-	-	-	-	-
Tamsrit (60, 30)	0	3,3	5,3	-	-	-	0	0	3,3		-	-
Ticherwit (60)	-	-	-	2,0	0	5,0	-	-	-	-	-	-
Timjouhart (30)	0	10,0	30,0	-	-	-	-	-	-	-	-	-

GF : grossissement du fruit ; DM : début de maturité du fruit ; FM : fin de maturité du fruit.

* : respectivement, dans l'ordre, pour P1, P2, P3 et P4.

2.3.2. Influence du palmier dattier sur la pyrale

2.3.2.1.   Relation entre la taille des pyrales adultes et la taille des dattes des différents cultivars

La taille du fruit est très variable selon les cultivars, la longueur allant de 2,5 à 4,9 cm et la largeur de 0,9 à 2,0 cm. La longueur du papillon varie également beaucoup puisque, selon les cultivars de dattes, elle va de 0,7 à 1,3 cm. Les moyennes par cultivar figurent dans le tableau 13.

Tableau 13. Taille moyenne en mm (± erreur standard) des papillons d'*Ectomyelois ceratoniae* et des dattes d'où ils sont issus.

Cultivars	Longueur du fruit	Largeur du fruit	Longueur du papillon
Bayd-Hmam	24,8 ± 0,4	9,8 ± 0,4	7,2 ± 0,2
Ben-Azizi	36,4 ± 0,2	16,2 ± 0,2	11,1 ± 0,2
Degla-Beida	41,0 ± 0,7	16,5 ± 0,4	12,0 ± 0,4
Deglet-Nour	35,9 ± 0,3	15,6 ± 0,3	10,6 ± 0,2
Ghars	40,8 ± 0,2	17.1 ± 0,2	12,0 ± 0,2
Hamraya	37,1 ± 1,4	14,6 ± 0,6	11,4 ± 0,5
Harchaya	25,5 ± 0,7	10,2 ± 0,4	7,5 ± 0,7
Mizit	32,5 ± 0,4	14,0 ± 0,7	9,5 ± 0,3
Tafezouine	37,5 ± 0,7	14,5 ± 0,7	11,5 ± 0,7
Takermoust	29,8 ± 1,7	17,0 ± 0,9	12,2 ± 0,5
Tamsrit	40,9 ± 0,2	16,6 ± 0,4	12,0 ± 0,2
Ticherwit	30,6 ± 0,2	13,1 ± 0,2	9,3 ± 0,2
Timjouhart	41,0 ± 2,0	16,6 ± 0,7	12,0 ± 0,4

Selon les cultivars, l'échantillon a été collecté sur 1 à 3 arbres, à raison de 1 à 5 fruits par arbre.

La plus forte corrélation ($p<0,01$, Figure. 27 B) est constatée entre la longueur du papillon et la largeur du fruit. Une corrélation plus faible mais tout aussi significative existe entre la longueur du papillon et le produit longueur x largeur du fruit (Figure 27 C) ou la longueur du fruit (Figure 27 A).

Notons que la relation de la taille des papillons avec le Log de la taille des fruits n'est guère plus explicative que la relation linéaire : r = 0,710 pour la longueur des fruits, r = 0,858 pour la longueur des fruits et r = 0,825 pour le produit de la longueur par la largeur. Nous nous en tiendrons donc à la relation linéaire pour observer que dans le cas de la longueur du fruit, sept points s'éloignent nettement de la droite de régression, 4 au-dessus de la droite correspondent au cultivar Takermoust (sur les 5 fruits étudiés) et trois au-dessous de la droite correspondent au cultivar Bayd-Hmam (3 fruits étudiés). Cet écart pourrait être rapporté à la forme originale des fruits, ronde, dans le premier cas et à la taille des fruits, très petite, dans le second cas.

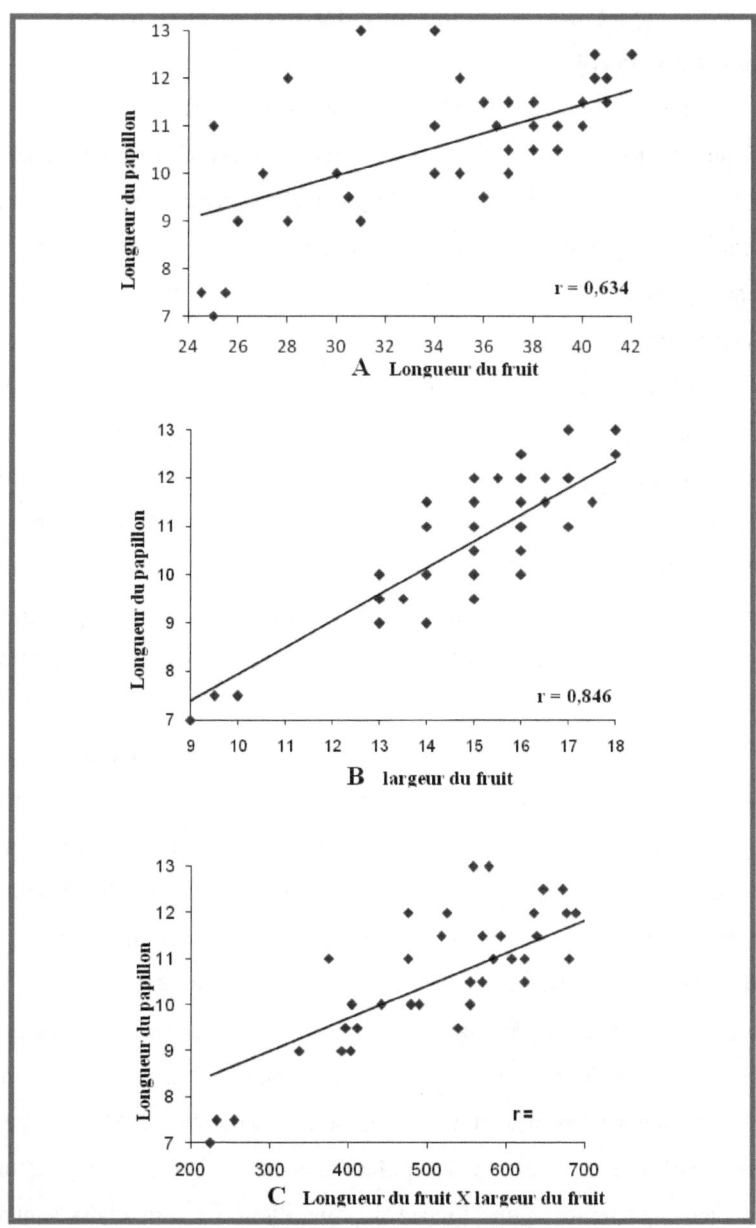

Figure 27. Régression entre la longueur des papillons *E. ceratoniae* et la longueur des fruits **(A)**, la largeur des fruits **(B)** ou le produit longueur des fruits x largeur des fruits d'où ils sont issus **(C)**.

2.3.2.2. Relation entre la teinte des pyrales et la teinte des dattes des différents cultivars

La coloration de la pyrale des dattes est très variable, ce qui a conduit certains auteurs à décrire des catégories systématiques distinctes (PINTUREAU et DAUMAL, 1979). En fait, cette espèce présente en Afrique du Nord un polymorphisme de coloration (déterminé génétiquement) et tous les intermédiaires entre une morphe foncée (*ceratoniae*) et une morphe claire (*pœnicis*) existent, la première étant mieux adaptée aux biotopes comprenant des plantes hôtes telles que le caroubier *Ceratonia siliqua* (Fabaceae), le figuier *Ficus carica* (Moraceae), ou l'oranger *Citrus sinensis* (Rutaceae) et la deuxième aux biotopes comprenant des palmiers dattiers *Phœnix dactylifera* (Arecaceae) (PINTUREAU et DAUMAL, 1979 ; DOUMANDJI, 1981). Rien n'indique toutefois l'existence de « races hôtes » puisque chaque morphe accepte toutes les nourritures utilisées par l'espèce (PINTUREAU et DAUMAL, 1979).

Mais des variations plus discrètes de teinte existent aussi chez une même morphe de pyrale en fonction du cultivar de la datte infestée, et probablement aussi de l'espèce végétale hôte. Les nombreuses observations que nous avons effectuées (observations des mêmes effectifs de papillons et de dattes que dans l'étude précédente relative à la taille) montrent en effet une relation entre la teinte du ravageur et la coloration du fruit. Ainsi, les papillons issus de cultivars tels que Takermoust et Tamsrit, dont le fruit présente une coloration noire au stade de maturité, ont une teinte sombre. Les papillons issus des cultivars tels que Deglet-Nour, Mizit, Ghars et Hamraya, dont le fruit est de couleur marron au stade Tmar (maturité), prennent une teinte moins foncée. Les papillons les plus clairs sont issus des cultivars Degla-Beida et Tafezouine au fruit jaune (Photographie 16).

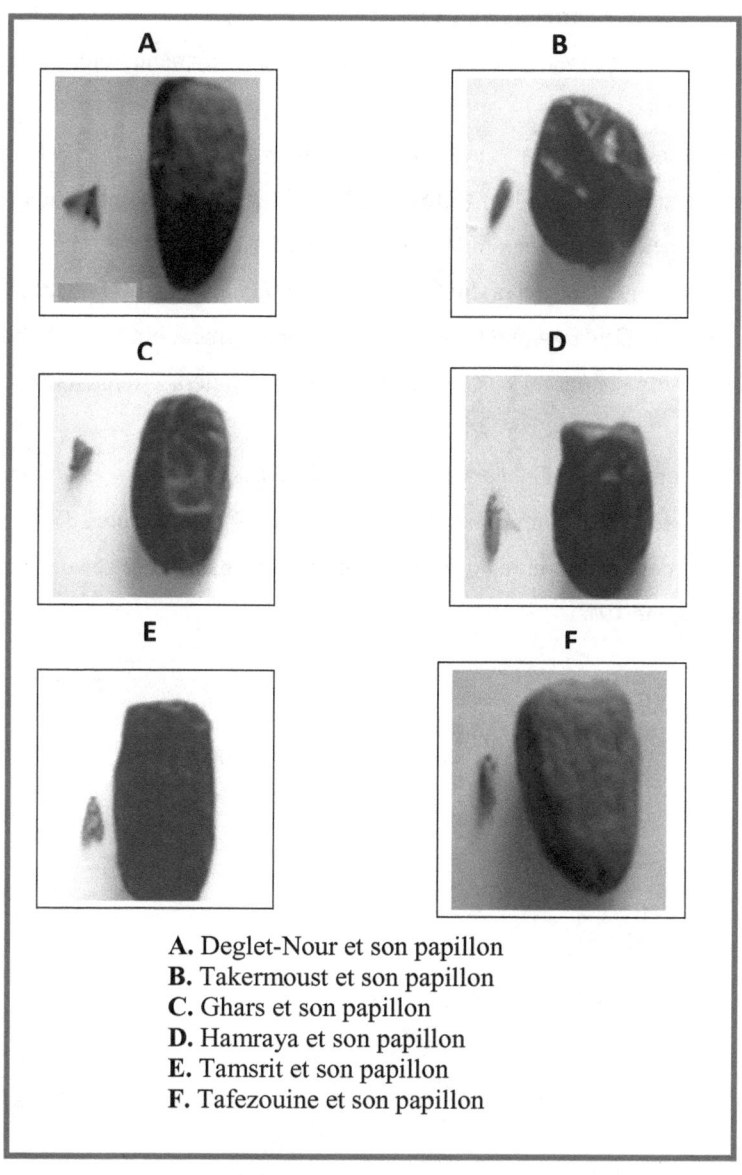

A. Deglet-Nour et son papillon
B. Takermoust et son papillon
C. Ghars et son papillon
D. Hamraya et son papillon
E. Tamsrit et son papillon
F. Tafezouine et son papillon

Photographie 16. Relation entre la teinte de la datte et la teinte de la pyrale (SAGGOU, 2008). .

2.3.2.3.　Les ennemis naturels

Nous avons recensés plusieurs parasitoïdes tous hyménoptères, ceux-ci comprennent :

- des parasitoïdes ovo-larvaires tels que *Phanerotoma flavitestacea* Fischer (Hymenoptera, Braconidae) (Photographie 17) et *Phanerotoma planifrons* Nees (Hymenoptera, Braconidae) (Figure 28).

- des parasitoïdes larvaires dont *Habrobracon hebetor* Say (Hymenoptera, Braconidae), *Cephalonomia hypobori* Kieffer (Hymenoptera, Bethylidae) et *Nemeritis canescens* Gravenhorst (Hymenoptera, Ichneumonidae) (Figure 28).

- un ooparasite *Trichogramma cordubensis* Vargas et Cabello (Hymenoptera, Trichogrammatidae) (Figure 28 et Photographie 18).

- un certain nombre d'hyménoptères n'a pas pu être déterminé (Photographie 19).

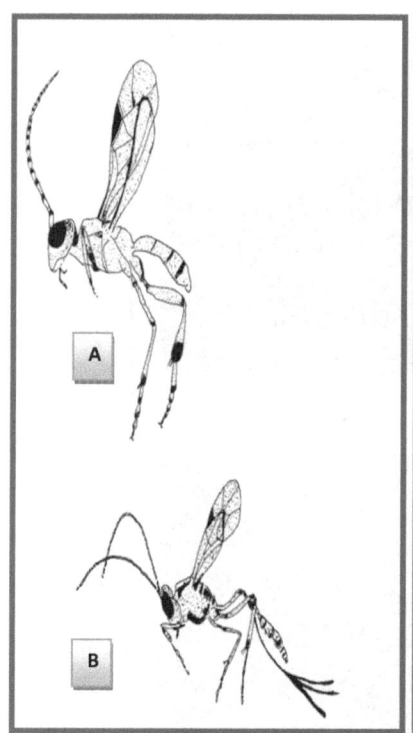
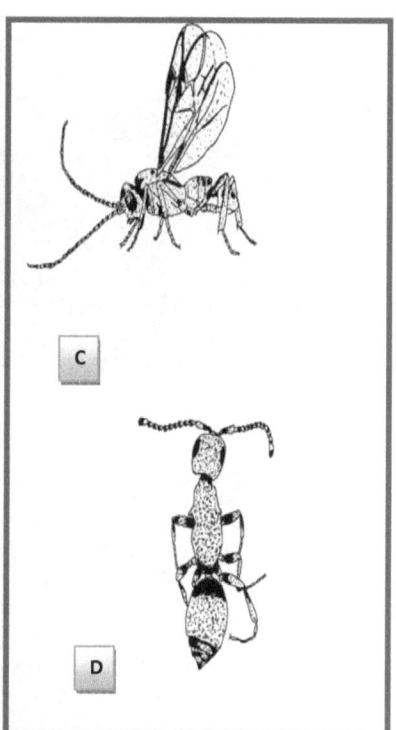

Figure 28. Quelques parasitoïdes d'*Ectomyelois ceratoniae* (IDDER, 1984)
A. *Habobracon hebetor* (Hymenoptera, Braconidae) x 2,5
B. *Cephalonomia hypobori* (Hymenoptera, Bethylidae) x 2
C. *Phanerotma flavitestacea* (Hymenoptera, Braconidae) x 4
D. (Hymenoptera, Bethylidae) x 4

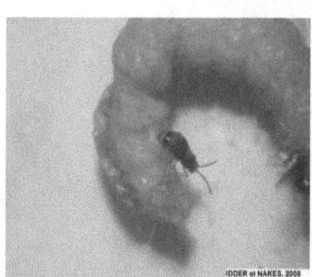

Photographie 17. *Phanerotma flavitestacea*
Parasitant une larve *d'Ectomyelois ceratoniae*
(Hymenoptera, Trichogrammatidae) x 5
(NAKES et IDDER, 2009)

Photographie 18. Ooparasite
d'Ectomyelois ceratoniae
(Hymenoptera, Trichogrammatidae)
(AUDEMARD, 1986)

Photographie 19. Parasitoïdes non déterminés

2.4. Résultats relatifs à l'efficacité de *Trichogramma cordubensis* vis-à-vis d'*Ectomyeloïs ceratoniae*

Un lâcher de *Trichogramma cordubensis* dans la région d'Ouargla en vue de combattre la pyrale des dattes a montré une certaine efficacité. En effet, le parasitisme, nul avant le lâcher, a atteint après le lâcher un pourcentage de 64 dans certains arbres (Photographie 20).

Aucun œuf parasité n'a pu être observé sur les dattes des palmiers témoins (Tableau 14). Ceci est vrai aussi bien avant qu'après le lâcher de parasitoïdes.

Sur les arbres où des trichogrammes ont été lâchés (Photographie 20), un pourcentage de parasitisme allant de 47 à 64 est par contre apparu. Ce pourcentage atteint 54 sur l'ensemble des arbres traités. Le fait que les arbres témoins n'aient pas été atteints par les trichogrammes semble indiquer que leur action reste limitée à l'arbre qui a reçu le lâcher. Des arbres témoins sont en effet très proches, à une dizaine de mètres, des arbres traités.

Tableau 14. Parasitisme des œufs d'*Ectomyeloïs ceratoniae* avant et après les lâchers de *Trichogramma cordubensis*.

	Palmiers témoins (sans lâchers)					
	Nb de dattes examinées		Nb d'œufs examinés		Nb d'œufs parasités	
	Avant les lâchers	Après les lâchers	Avant les lâchers	Après les lâchers	Avant les lâchers	Après les lâchers
P1	90	100	11	15	0	0
P2	100	120	14	14	0	0
P3	100	110	13	12	0	0
P4	110	110	14	14	0	0

	Palmiers traités (ayant reçus les lâchers)		
	Nb de dattes examinées	Nb d'œufs examinés	Œufs parasités
			Nb	%
PT1	120	13	07	53,8
PT2	90	14	09	64,2
PT3	120	08	04	50,0
PT4	110	15	07	46,7
PT5	120	10	06	60,0
PT6	100	12	06	50,0
PT7	110	12	07	58,3
PT8	120	15	08	53,3

Photographie 20. Opération de lâcher de Trichogrammes.
Le tube renfermant les ooparasites est fixé au niveau du régime de
dattes (IDDER, 2004 et 2009).

2.5. Résultats concernant l'étude de l'efficacité de *Stethorus punctillum* vis-à-vis d'*Oligonychus afrasiaticus*

2.5.1. Taux d'infestation des dattes Deglet-Nour par la boufaroua

Le nombre d'acariens récoltés est très variable selon les arbres, certains étant non infestés (indemnes), et d'autres peu infestés, moyennement infestés ou fortement infestés. Par ailleurs, ce nombre augmente au fur et à mesure de la maturité des dattes (Tableau 15). Il passe ainsi d'un effectif maximum de 183 au stade nouaison à un nombre maximum de 1543 au stade de fin de maturité des fruits.

L'infestation des fruits est également très variable et augmente en fonction du degré de maturité. La comparaison des quatre stades de maturité est hautement significative selon l'ANOVA (p=0,0004). Le test PLSD de Fisher indique toutefois qu'il n'y a pas de différences d'une part entre les stades grossissement et début de maturité, et d'autre part entre les stades début et fin de maturité (Tableau 16).

Le nombre d'acariens par fruit a ensuite été comparé avant et après un lâcher de coccinelles prédatrices dont l'efficacité a été quantifiée.

Avant les lâchers, ce nombre d'acariens est sensiblement identique sur tous les arbres d'un même degré d'infestation, ceux destinés à constituer des témoins sans lâcher et ceux destinés à recevoir des coccinelles (Tableau 16). Ceci confirme la valeur des arbres témoins. L'analyse confirme également que les deux catégories de degré d'infestation sont séparées.

L'interaction entre les facteurs degré d'infestation et traitement subi est également significative. La baisse d'infestation des arbres ayant reçu des coccinelles est en effet plus sensible dans les arbres fortement infestés. Nous Après les lâchers des coccinelles, retrouvons une différence significative entre les deux degrés d'infestation, mais une différence apparaît aussi en fonction du traitement biologique ou de son absence (Tableaux 15 et 16).

L'efficacité du prédateur *S. punctillum* (Tableau 18) est significative (comparaison par rapport au témoin non traité), et d'autant plus que les arbres étaient fortement infestés (Tableau 16). On peut ainsi estimer que les coccinelles lâchées ont fort chuté le taux d'infestation des dattes d'environ 16% sur les arbres moyennement infestés et d'environ 26% sur les arbres fortement infestés.

Tableau 15. Taux d'infestation des dattes de la variété Deglet-Nour par le Boufaroua dans la région d'Ouargla.

Stades	Nombre d'acariens récoltés par arbre		Nombre d'acariens par fruit	
	Ecart	Moyenne	Nombre moyen par arbre	Moyenne
Nouaison	0 - 183	70,6 ±20,2	0 à 1,8	0,74±0,18 a
Grossissement	0 - 785	422,2±87,2	0 à 7,9	3,81±0,81 b
Début maturité	0 - 1502	760,8±157,2	0 à 12,5	6,72±1,36 bc
Fin maturité	0 - 1543	815,1±164,5	0 à 12,9	7,19±1,41 c

Etude effectuée sur 10 arbres ; dattes prélevées sur 9 à 13 régimes par arbre (moyenne : 11,3±0,4), à raison de 10 par régime (90 à 130 dattes observées par arbre, moyenne : 113±4).
Des lettres différentes indiquent des différences significatives au seuil de 5% (test PLSD de Fisher après une ANOVA).

Tableau 16. Efficacité de la prédation du Boufaroua par *Stethorus punctillum* au cours du stade de début de maturité des dattes.

Degré d'infestation	Traitement	Nombre d'arbres étudiés	Nombre d'acariens par fruit		Efficacité*
			Avant lâcher	Après lâcher	
Moyennement infesté	Témoin	2	7,59±0,50	7,67±0,54	0,010±0,004
	Lâcher de coccinelles	3	7,48±0,30	6,32±0,32	0,156±0,010
Fortement infesté	Témoin	2	13,10±0,14	13,30±0,19	-0,015±0,004
	Lâcher de coccinelles	3	12,64±0,38	9,51±0,19	0,247±0,016

100 fruits ont été observés par arbre, avant et après le lâcher de la coccinelle.
* (taux d'infestation avant le lâcher - taux d'infestation après le lâcher) / taux d'infestation avant le lâcher.

Tableau 17. Seuils de signification (valeur de p) des différences relevées quant au nombre d'acariens sur les dattes et à l'efficacité des coccinelles prédatrices, en fonction du degré d'infestation (arbres moyennement ou fortement infestés) et du traitement subi (lâcher ou non de coccinelles). Les tests sont des ANOVAs à 2 facteurs (degré d'infestation, traitement subi).

ANOVA	Facteurs		Interaction entre les facteurs
	Infestation	Traitement	
Nb. d'acariens avant lâcher*	<0,01	>0,05	>0,05
Nb. d'acariens après lâcher*	<0,01	<0,01	<0,01
Efficacité des coccinelles	0,01	<0,01	<0,01

* Lâcher de coccinelles.

2.5.2. Efficacité de la prédation du boufaroua par *Stethorus punctillum*

L'infestation des dattes par l'acarien *Oligonychus afrasiaticus* commence à partir du stade nouaison et augmente jusqu'au stade de fin de maturité. Tous les arbres d'une même parcelle ne sont pas attaqués au même degré, et la variabilité est même très forte. Les arbres mal irrigués sont moins vigoureux et par conséquent plus vulnérables et sensibles à l'attaque des acariens. En outre, le manque d'eau sous les pieds de ces palmiers favorise l'extension de mauvaises herbes telle que le chiendent, véritable réservoir d'*O. afrasiaticus*.

La coccinelle *Stethorus punctillum* joue un rôle très important dans la limitation de cet acarien des dattes. Elle est d'autant plus efficace qu'elle exerce sa prédation plus fortement au moment où les arbres sont très infestés. Le premier essai de lutte biologique que nous avons effectué contre le Boufaroua en Algérie, à l'aide de lâchers de coccinelles, ouvre de nouvelles perspectives en matière de protection du palmier dattier contre l'acariose.

2.5.3. Les ennemis naturels *Oligonychus afrasiaticus*

Nous avons recensé d'autres ennemis naturels du Boufaroua au cours de notre étude. Il ne s'agit que de prédateurs comprenant deux genres d'acariens, *Amblyseius* (Photographie 25) et *Typhlodromus* (Photographie 24), et deux genres d'Hétéroptères *Anthocoris* (Photographie 21) et *Geocoris* (Photographie 26). En plus de celle utilisée pour nos lâchers, deux autres espèces de coccinelles, *Pharoscymnus ovoïdeus* Sicard (Photographie 23B) et *Pharoscymnus numidicus* Pic.(Photographie 23A) ont été observées. Bien qu'elles soient essentiellement coccidiphages, elles pourraient s'attaquer sporadiquement aux acariens. Toutes ces espèces doivent être protégées et des essais de lutte biologique devront être menés avec les acariens prédateurs pour déterminer l'espèce la plus efficace et décrire ses interactions avec *S. punctillum*. Deux prédateurs ayant une action complémentaire pourraient en effet être lâchés.

Photographie 21. *Anthocoris sp* (x 25)
(IDDER, 2009)

Photographie 22. *Stethorus punctillum* (x 4,5)
(MAHMA, 2003)

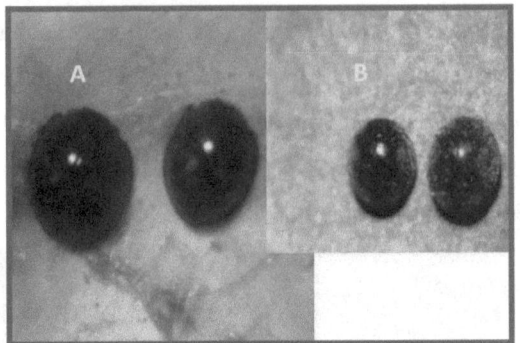

Photographie 23. A. *Pharoscymnus numidicus*
(MAHMA, 2003)

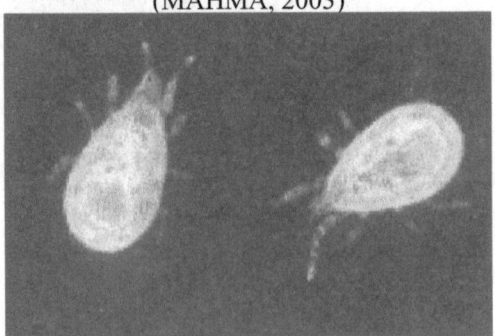

Photographie 24. *Typhlodromus sp*
(BENZAHI, 1997)

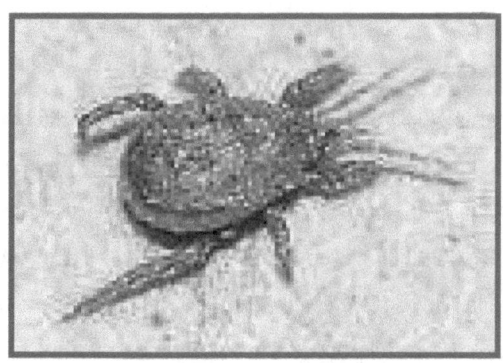

Photographie 25. *Amblyseius sp.*
(BENZAHI, 1997)

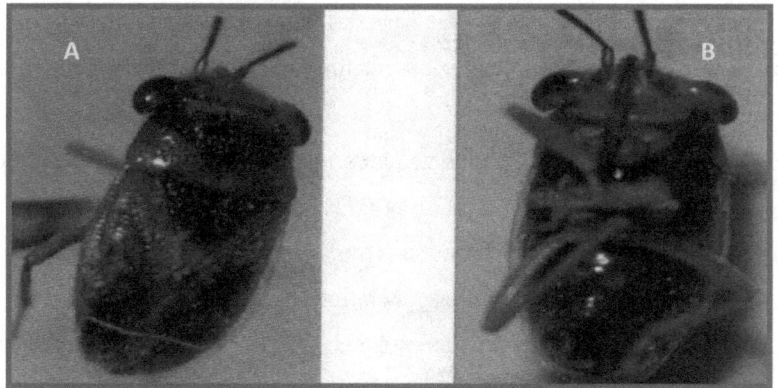

Photographies 26. *Geocoris sp* (Heteroptera - *Lygaeidae*).
A- Face dorsale. **B**- Face ventrale (MEBARKI, 2008)

Chapitre 3. Discussions

La température est le facteur primordial influençant la durée du cycle de la cochenille blanche du palmier dattier. Ceci a été confirmé par les travaux de (LAUDEHO et BENASSY 1969 ; BOUSSAID et MAACHE, 2000 et IDDER, 1992). La cochenille blanche se multiplie surtout au printemps et à la fin de l'été, lorsque les températures moyennes sont modérées. L'activité de la population est beaucoup plus faible pendant le reste de l'année alors que les températures sont soit très élevées pendant la période estivale, soit relativement basses pendant la période hivernale. La diminution des effectifs durant les périodes défavorables est due à la fois à des taux élevés de mortalité et au ralentissement du développement de l'insecte.

Les effectifs de cochenilles vivantes semblent indiquer l'existence de 3 générations annuelles (G1), (G2) et (G3), dont la plus importante est la (G1) qui commence en février et se termine en juin, avec une importance de 45,7% par rapport aux 2 autres générations.

Des travaux similaires ont été menés à Sidi Okba et Touggourt, en Algérie (DJOUDI, 1992 ; ALLAM, 2008) et à Tata, au Maroc (SMIRNOFF, 1951, 1952), régions au climat similaire à celui de Ouargla. Il est alors possible de mener des comparaisons afin d'apprécier la variabilité de la durée des générations. Dans les localités étudiées, il a été constaté un même nombre de générations par an, même si SMIRNOFF (1952) et MADKOURI, (1975) indiquent une quatrième génération tout à fait partielle à Tata. Des différences, certainement dues aux facteurs climatiques et notamment à la température ayant régné durant les différentes années d'étude, sont toutefois constatées :

En 1992, DJOUDI a caractérisé l'importance des générations en tenant compte de leur durée. Selon nous, la génération la plus importante est toutefois celle qui provoque les dégâts les plus importants. Cette importance peut être ramenée à la densité moyenne des cochenilles

La première génération (G1), de février à juin, a ainsi une importance de 45,7% ; la deuxième génération (G2), de juillet à août, a une importance de 15,6% ; et la troisième génération (G3), de septembre à janvier, a une importance de 38,7%. Ceci confirme l'importance des générations G1 et G3, la deuxième génération étant affectée par les fortes températures estivales.

De façon générale, le nombre de génération est de 3 (certains auteurs comme HOCEINI en 1977 en cite 2 dans la région de Béchar. SMIRNOFF en 1952 évoque une quatrième génération à Tata au Maroc.

Nous pensons que le nombre de générations est étroitement lié aux conditions microclimatiques du biotope. Autrement dit, la lutte biologique contre la diaspine doit tenir compte du milieu et de ses facteurs environnementaux.

Les ennemis naturels de *Parlatoria blanchardi* recensés dans les palmeraies d'Ouargla sont principalement *Pharoscymnus numi*dicus et *Pharoscymnus ovoï*deus comme prédateurs, reconnus pour leur efficacité prédatrice et cités par plusieurs auteurs : (GOURREAU, 1974 ; ZENKHRI 1987; SAHARAOUI, 1988 ; IDDER, 1992 ; IDDER *et al.*, 2000 ; MAHMA 2003 ; MEBARKI et 2009), ainsi que le genre *Aphytis* comme parasite, cité par IDDER, 1992. La lutte contre la cochenille blanche du palmier dattier par les méthodes physique, chimique et biologique a montré que chaque méthode prise à part présente des avantages et des inconvénients. Toutefois les luttes physique et chimique restent à appliquer avec beaucoup de précautions, compte tenu de leurs effets indésirables sur l'environnement, notamment en palmeraies, milieux fragiles et complexe à la fois. En outre la lutte physique est à déconseiller en palmeraies à plantations denses, à cause de risques d'incendies.

La lutte biologique par l'utilisation de coccinelles du genre *Pharoscymnus* n'a pas montré une grande efficacité prédatrice, mais suffisante pour être retenue et améliorée. Toutefois une différence pour la lutte biologique qui induit une mortalité non pas faible mais nulle.

La méthode de lutte physique présente de nombreux avantages. Elle est efficace puisqu'elle élimine rapidement un grand nombre de cochenilles. Elle a un faible coût puisqu'elle fait appel à des produits issus de la palmeraie comme le lif, les cornafs et les débris végétaux, ce qui contribue beaucoup au nettoyage de la parcelle. Elle est facile à mettre en pratique puisqu'elle ne nécessite aucune technicité élevée et peut être appliquée à n'importe quel moment de l'année. Elle présente toutefois aussi de grands inconvénients. Cette méthode est en effet inefficace sur des arbres trop hauts où les parties infestées sont insuffisamment atteintes par la chaleur. Elle induit par ailleurs de réels risques d'incendies en palmeraie traditionnelle où la densité de plantation est importante. En outre, elle a un important impact négatif sur les prédateurs.

La méthode de lutte chimique est également efficace puisqu'elle permet d'obtenir une rapide et forte mortalité des cochenilles. De plus, elle peut être appliquée à la plupart des palmeraies lorsque le matériel approprié est disponible (lorsque les palmiers sont hauts, ce matériel fait souvent défaut). Les inconvénients de la méthode concernent d'abord le coût très élevé des pesticides qui dépasse les capacités financières de nombreux agriculteurs. Elle est en outre polluante pour l'environnement et toxique pour l'homme et les animaux, notamment les prédateurs. Son application répétée dans le temps et dans l'espace peut ainsi déstabiliser l'équilibre naturel fragile des palmeraies. Elle peut enfin induire des phénomènes de résistance chez les ravageurs et devenir inutilisable, ce qui réduirait d'autant la panoplie de moyens disponibles dans une optique de lutte intégrée.

La lutte biologique, quant à elle, présente l'avantage de n'être pas toxique et notamment de préserver l'ensemble des prédateurs. Elle ne perturbe pas le fragile équilibre des écosystèmes sahariens. Son application, demandant un matériel simple et peu d'efforts, peut atteindre tous les arbres quel que soit le type de palmeraie. Elle a pour inconvénient d'être encore peu efficace, mais elle est améliorable. Elle nécessite en outre un certain degré de technicité pour mener à bien les élevages destinés à multiplier les auxiliaires et pour suivre régulièrement les relations auxiliaires-ravageurs existant dans les palmeraies.

La lutte physique, et à un moindre degré la lutte chimique, sont efficaces pour combattre la cochenille blanche du palmier dattier, mais elles constituent un réel danger pour les auxiliaires présents naturellement. La lutte biologique préserve par contre la faune utile et l'équilibre biologique de l'agrosystème palmeraie, fragile (BRUN, 1990) et où toute intervention brutale peut engendrer des conséquences néfastes et irréversibles. Cette méthode nous semble donc être la mieux adaptée au contrôle de la cochenille blanche, même si elle est encore moins efficace que les précédentes. Elle est en effet perfectible.

Les améliorations de la lutte biologique doivent concerner la stratégie d'intervention et les méthodes d'élevage des coccinelles *Pharoscymnus ovoïdeus et Ph. numidicus*. Parmi ces deux espèces, le choix de la plus efficace devra être mieux établi, et des comparaisons avec des espèces pouvant être introduites devront être réalisées. De plus, l'intervention devra être plus massive, en comprenant plusieurs lâchers avec probablement un plus grand nombre de prédateurs. Il faudra programmer ces lâchers de la manière la plus judicieuse et placer le nombre optimum de coccinelles au meilleur endroit. Pour obtenir ce nombre plus important de prédateurs, il sera nécessaire d'améliorer l'élevage et de diminuer son coût. Ceci concerne les installations (bio fabriques) et la méthodologie (IPERTI et

BRUN, 1969). Les proies naturelles devront notamment être remplacées par des proies de substitution peu onéreuses, voire par un milieu artificiel. De nombreuses études restent donc à mener pour disposer d'un moyen de lutte biologique pratique et fiable (DOUMANDJI-MITICHE et DOUMANDJI, 1993).

Des auteurs ont suggéré que le taux d'infestation des dattes par *Ectomyeloïs ceratoniae* est souvent plus élevé en palmeraies à plantations irrégulières qu'en palmeraies à plantations régulières (DOUMANDJI-MITICHE, 1983 ; BENADDOUN, 1987 ; RAACHE, 1990 ; IDDER, 1992 ; HADDAD, 2000 et SAGGOU, 2001). Dans le premier cas, la densité importante des arbres constituerait en effet un facteur favorable à la propagation du ravageur, la présence de plantes comme le figuier pouvant aussi contribuer à cette propagation. Parmi les quatre parcelles étudiées, dont l'infestation n'a pu être comparée qu'à partir de deux variétés, nous n'avons toutefois détecté de différence qu'entre 2 parcelles à plantation régulière et ceci pour une seule variété de dattes. C'est alors l'état d'entretien de la palmeraie qui a pu influer sur le taux d'infestation. La différence relevée concerne en effet la parcelle P3 non entretenue qui est plus infestée que la parcelle P4 entretenue. Ces parcelles se caractérisent toutefois par de nombreux autres facteurs, dont la diversité variétale et la densité des palmiers dattiers. L'absence d'entretien pourrait être favorable à la pyrale en offrant des refuges tels que des dattes tombées au sol, sur des cornafs (bases des palmes coupées) ou sur la couronne foliaire, et diverses plantes hôtes en plus des palmiers dattiers. La détermination des facteurs influant le plus sur l'infestation des palmeraies suppose toutefois d'entreprendre des échantillonnages dans un très grand nombre de parcelles se différenciant par le type de plantation, l'entretien de la plantation, la densité de plantation, la composition en plantes-hôtes (espèces et variétés), voire le degré d'infestation des dattes par des champignons (COSSE *et al.*, 1994).

Les dattes sont de plus en plus infestées en franchissant leurs trois stades phénologiques. Notre méthode d'observation semble exclure une moindre détection des chenilles dans les jeunes fruits, et indique donc un réel phénomène biologique. Les papillons préfèreraient donc les dattes matures pour déposer leurs pontes, le fruit en fin de maturité constituant un milieu nutritif mieux adapté aux exigences du déprédateur.

Si le taux d'infestation des dattes varie peu entre parcelles étudiées, il varie en revanche beaucoup entre variétés. L'hétérogénéité de la composition variétale dans les différentes parcelles a dû influer quelque peu sur l'infestation de chaque variété, mais elle n'a pas pu masquer le fait qu'il existe des variétés fortement attaquées et d'autres beaucoup mieux protégées. Ainsi, la variété Takermoust est parmi les plus infestées et la variété Ben-Azizi parmi les moins infestées. Seules trois variétés, Takermoust, Ticherwit et Tamsrit, ont montré des infestations précoces, depuis le stade de grossissement des fruits. Le taux d'infestation plus élevé de certaines variétés de dattes pourrait être dû à une variabilité des substances volatiles émises, exerçant des effets plus ou moins accentués d'attractivité ou de répulsion. De telles substances pourraient non seulement provenir des fruits, mais aussi d'organismes associés (COSSE *et al.*, 1994).

Nous avons constaté qu'il existe une relation étroite entre la longueur des papillons et la taille des dattes, ce qui semble indiquer que plus la chenille dispose de nourriture, plus elle en consomme. Toutefois, la variété Takermoust fournit des papillons de taille relativement plus grande qu'attendue au regard de cette relation, et il se pourrait que la forme ronde du fruit en soit responsable. Au contraire, la variété Bayd-Hmam fournit des papillons de petite taille, et il se pourrait que la très petite taille du fruit en soit responsable. Ces deux seules exceptions que nous avons constatées à la relation entre tailles du fruit et du papillon suggèrent que la quantité nutritive est le principal déterminant de la taille des pyrales adultes. Toutefois, la variété Takermoust, aux fruits relativement courts mais charnus qui présentent des taux d'infestation élevés dans nos échantillons, pourrait aussi fournir des dattes plus efficaces pour la croissance des papillons, et la variété Bayd-Hmam, aux petits fruits, des dattes moins efficaces pour une telle croissance. Nous ne pouvons ainsi pas exclure que des différences de qualités nutritives participent à expliquer nos observations. Le fait que les dattes Takermoust soient parfois attaquées précocement pourrait en outre laisser plus de temps aux larves présentes dans de jeunes fruits pour se développer et atteindre de plus grandes tailles.

Nos observations répétées, nous ont par ailleurs permis de constater que la teinte de la pyrale dépend de la couleur de la datte. La datte contient un mélange de pigments, notamment de nombreux caroténoïdes et flavonoïdes, qui déterminent sa coloration. Il se pourrait alors que ce soit cette composition pigmentaire, qualitative et quantitative, qui détermine la variation de teinte des papillons. L'absorption des pigments par la chenille serait donc suivie d'un catabolisme très limité.

Nous recommandons de favoriser les méthodes biologiques, les mieux adaptées à un écosystème aussi fragile et aussi complexe que la palmeraie. Ainsi, pour la production de dattes, nous utilisons déjà les variétés de palmiers dattiers dont les fruits sont les moins infestés Mais nous avons aussi recours à certaines variétés plus et précocement infestées pour servir de bouclier aux arbres les plus productifs. Il a été constaté que cette technique, qui consiste à planter une variété très infestée telle que Takermoust en lisière des palmeraies constituées d'autres variétés, concentre les attaques sans augmenter la population totale de pyrales, et protège donc ces dernières variétés. Elle devra toutefois dans les prochaines années être associée à d'autres techniques pour augmenter l'efficacité de la lutte biologique. Des lâchers de Trichogrammes, Hyménoptères parasitoïdes oophages, devront ainsi être entrepris dans les palmeraies les plus attaquées, ceci dès le stade de grossissement des fruits s'il existe des variétés précocement infestées (IDDER, 1984). Il faudra enfin protéger les autres parasitoïdes que nous avons recensés en évitant tout traitement insecticide à des moments sensibles. Ceux-ci comprennent les Braconidae *Phanerotoma flavitestacea* Fisher et *P. planifrons* Nees, qui sont des parasitoïdes ovo-larvaires, ainsi que le Braconidae et l'Ichneumonidae *Habrobracon hebetor* Say et *Nemeritis canescens* Gravenhorst, qui sont des respectivement ectoparasites et parasite nymphal. De nombreux auteurs soulignent l'importance de l'utilisation de ces parasitoïdes en lutte biologique (DOUMANDJI-MITICHE, 1977 ; DOUMANDJI-MITICHE, 1983 ; HAWLITZKY et BOULAY, 1986 ; DOUMANDJI et DOUMANDJI-MITICHE, 1993 ; KHOUALDIA *et al*, 1996 ; BEN MESSAOUD, 2000 ; SCHOLLER et PROZELL, 2001 ; PINTUREAU *et al.*, 2002 ; CARILLO et *al.*, 2005 ; HOUNDETE *et al.*, 2005 ; AMIR-MAAFI et CHI, 2006 ; IDDER, 2006 ; FOROUZAN et *al.*, 2008 ; AKINKUROLERE *et al.*, 2009 ; LAAMARI, 2009 ; et MEBARKI, 2009).

Concernant l'utilisation des trichogrammes pour lutter contre *Ectomyeloïs ceratoniae*, les premiers lâchers ont été réalisés d'abord en Mitidja dans un verger d'agrumes. Le taux des œufs de la pyrale parasités par les trichogrammes ont atteint 84,6 p. cent à El-Alia, ensuite, dans les palmeraies d'Ouargla, l'utilisation de l'espèce *Trichogramma embryophagum* dans quatre parcelles, où le taux de parasitisme était nul au départ, a atteint un maximum de 45,3 p. cent avec la souche *Malus pumila* (DOUMANDJI-MITICHE et IDDER, 1986).

Bien que le taux de parasitisme obtenu ne soit pas négligeable, on peut supposer que celui-ci peut encore beaucoup augmenter en lâchant plus de trichogrammes.

L'emploi d'insectes entomophages, prédateurs et parasitoïdes, en lutte biologique prend de plus en plus d'importance sur les cinq continents. Parmi les insectes parasitoïdes oophages, les trichogrammes sont particulièrement utilisés et souvent commercialisés.

Un autre lâcher de *Trichogramma cordubensis* dans la région d'Ouargla en vue de combattre la pyrale des dattes a montré une certaine efficacité. En effet, le parasitisme, nul avant le lâcher, a atteint après le lâcher un pourcentage de 64 dans certains arbres.

Ce taux de parasitisme peut très certainement être amélioré. Pour cela, il est d'abord nécessaire de renouveler les essais en augmentant le nombre de parasitoïdes lâchés. Ces essais devront de plus être menés sur un plus grand nombre de palmiers afin de mieux définir la variabilité des résultats obtenus. Une fois que l'efficacité de ce moyen de lutte biologique sera mieux établie, nous devrons généraliser les traitements afin de couvrir toute la durée de présence des œufs du ravageur. Un nombre de lâchers optimal devra alors être défini.

L'infestation des dattes par l'acarien *Oligonychus afrasiaticus* commence à partir du stade nouaison et augmente jusqu'au stade de fin de maturité. Tous les arbres d'une même parcelle ne sont pas attaqués au même degré, et la variabilité est même très forte. Celle-ci peut être en rapport avec l'irrigation et les adventices. En effet, les arbres mal irrigués sont moins vigoureux et plus sensibles à l'attaque des acariens. En outre, l'extension de mauvaises herbes telles que le chiendent, notamment favorisé par le manque d'eau sous les pieds de certains palmiers, constitue un véritable réservoir à *O. afrasiaticus*.

La coccinelle *Stethorus punctillum* joue un rôle très important dans la limitation de cet acarien des dattes. Elle est d'autant plus efficace qu'elle exerce sa prédation plus fortement au moment où les arbres sont très infestés. Le premier essai de lutte biologique que nous avons effectué contre le Boufaroua en Algérie, à l'aide de lâchers de cette coccinelle, ouvre de nouvelles perspectives en matière de protection du palmier dattier contre l'acariose.

Nous avons recensé d'autres ennemis naturels du Boufaroua au cours de notre étude. Il ne s'agit que de prédateurs comprenant deux genres d'acariens, *Amblyseius* et *Typhlodromus*, et 2 genres d'Hétéroptères, *Anthocoris* et *Geocoris*. Des auteurs ont mentionné l'utilité de ces prédateurs dans la lutte biologique (BENZAHI, 1997 et MEBARKI, 2009).Ces espèces mériteraient des études plus approfondies, notamment en palmeraies dans un contexte de lutte intégrée. Par ailleurs, en plus de celle utilisée pour nos lâchers, deux espèces de coccinelles (*Pharoscymnus ovoïdeus* Sicard et *P. numidicus* Pic.) ont été observées. Ce sont les coccinelles qui prédominent en palmeraies. Elles sont très actives, et leurs actions prédatrices vis-à-vis de *Parlatoria blanchardi* est confirmée par de nombreux (KEHAT, 1968 ; ZENKHRI, 1987 ; SAHARAOUI, 1988 ; BOUSSAID et MAACHE, 2000 ; IDDER, 1991 ; MAHMA 2003 ; CARILLO *et al.*, 2005). Bien qu'elles soient essentiellement coccidophages, elles pourraient s'attaquer sporadiquement aux acariens (IDDER *et al.*, 2009) Toutes ces espèces doivent être protégées et des essais de lutte biologique devront être menés avec les acariens prédateurs afin de déterminer l'espèce la plus efficace et décrire ses interactions avec *S. punctillum*. Deux prédateurs ayant une action complémentaire pourraient en effet être lâchés.

En Algérie, la lutte biologique est en plein essor. Chaque année de nouveaux travaux dans ce contexte démontrent l'importance qu'accordent les chercheurs à ce domaine si important. Malheureusement, le constat démontre un net décalage entre la Recherche et le développement

Conclusion générale

La palmeraie est un écosystème saharien pouvant présenter les mêmes fonctionnalités et relations rencontrées dans un écosystème tels que les forêts, mais toujours avec un nombre des relations faibles, fragiles et complexes.

L'évolution des effectifs de larves mobiles de la cochenille blanche passe par trois maxima, le premier en avril, le deuxième en juillet et le troisième en octobre. La mortalité de ces larves est surtout observée durant les mois d'avril et de septembre. Les larves des stades fixes 1 et 2, présentent deux périodes d'activité, la première ayant lieu en mars et la deuxième de mai à décembre. La mortalité de ces stades est surtout forte à l'issue de ces 2 périodes. L'évolution des adultes mâles connaît aussi deux maxima, le premier en février - mars et le deuxième en novembre. La mortalité de ce sexe est surtout observée durant sa première période de grande fréquence. De même, les adultes femelles passent par 2 périodes de forte activité mais réparties différemment : en mars et avril, puis de juillet à octobre. La mortalité de ce sexe est surtout observée après sa première phase d'activité et au cours de sa deuxième phase d'activité.

Le facteur température permet d'ailleurs de distinguer trois dynamiques de développement des populations : un développement optimal lorsque la température moyenne est comprise entre 20 et 30°C, un développement très faible à nul lorsque la température moyenne est inférieure à 16°C ou supérieure à 33°C, et un développement ralenti lorsque la température moyenne est comprise entre 16 et 19°C ou entre 31 et 33°C. La température semblerait être le facteur déterminant dans la dynamique des populations de *P. blanchardi*.

Dans la région d'Ouargla, nous avons pu déterminer l'existence de trois générations de *Parlatoria blanchardi*, une première génération hiverno-printanière, une deuxième génération estivale et une troisième génération estivo-automnale. La génération G1 est la plus importante en termes d'effectifs et donc de dégâts. La génération G3 est aussi relativement importante contrairement à la génération G2.

Trois méthodes de lutte (chimique, physique et biologique) ont été testées dans le but d'évaluer l'impact de chaque méthode sur les populations de *Parlatoria blanchardi* et sur la faune auxiliaire. Il ressort ce qui suit :

La méthode de lutte physique a eu la plus grande incidence sur la mortalité des cochenilles blanches. La lutte chimique a également eu un impact important sur les populations de ce ravageur, bien qu'elle ait plus agi sur les larves mobiles que sur les formes protégées par un bouclier (larves fixes et adultes). La lutte biologique a par contre conduit à des taux de mortalité des cochenilles plus faibles.

L'étude des taux de mortalité des auxiliaires indique que les trois méthodes de lutte ont eu des effets relatifs identiques à ceux constatés sur les cochenilles. Nous remarquons toutefois une différence pour la lutte biologique qui induit une mortalité non pas faible mais nulle.

Chacune de ces 3 méthodes de lutte testées montrent des avantages et des inconvénients, à des niveaux différents. Dans ce cas, il serait judicieux de raisonner « lutte intégrée » pour combattre ce ravageur.

Le ver de la datte *E. ceratoniae* est l'un des déprédateurs les plus rencontrés, qui cause des dégâts considérables à la récolte tant du point de vue qualitatif que quantitatif. Il existe plusieurs types de lutte contre cette pyrale. Nous recommandons de favoriser les méthodes biologiques, les mieux adaptées à un écosystème aussi fragile et aussi complexe que la palmeraie. Ainsi, pour la production de dattes, nous utilisons déjà les variétés de palmiers dattiers dont les fruits sont les moins infestés Mais nous avons aussi recours à certaines variétés plus et précocement infestées pour servir de bouclier aux arbres les plus productifs. Il a été constaté que cette technique, qui consiste à planter une variété très infestée telle que Takermoust en lisière des palmeraies constituées d'autres variétés, concentre les attaques sans augmenter la population totale de pyrales, et protège donc ces dernières variétés. Elle devra toutefois dans les prochaines années être associée à d'autres techniques pour augmenter l'efficacité de la lutte biologique. Des lâchers de Trichogrammes, Hyménoptères parasitoïdes oophages, devront ainsi être entrepris dans les palmeraies les plus attaquées.

L'emploi d'insectes entomophages, prédateurs et parasitoïdes, en lutte biologique prend de plus en plus d'importance sur les cinq continents. Parmi les insectes parasitoïdes oophages, les trichogrammes sont particulièrement utilisés et souvent commercialisés.

Des lâchers de *Trichogramma embryophagu*m et de *Trichogramma cordubensis* dans la région d'Ouargla en vue de combattre la pyrale des dattes ont montré une certaine efficacité. En effet, le parasitisme, nul avant les lâchers, a atteint après les lâchers respectivement des pourcentages de 54 et 64 dans certains arbres.

Ce taux de parasitisme peut très certainement être amélioré. Pour cela, il est d'abord nécessaire de renouveler les essais en augmentant le nombre de parasitoïdes lâchés. Ces essais devront de plus être menés sur un plus grand nombre de palmiers afin de mieux définir la variabilité des résultats obtenus. Une fois que l'efficacité de ce moyen de lutte biologique sera mieux établie, nous devrons généraliser les traitements afin de couvrir toute la durée de présence des œufs du ravageur. Un nombre de lâchers optimal devra alors être défini.

Le boufaroua cause chaque année des dégâts considérables sur les fruits du palmier dattier en les rendant impropres à la consommation et à l'exportation.

La coccinelle *S. punctillum* jouerait un rôle important dans le contrôle de cet acarien des dattes, bien qu'elle soit insuffisante pour une bonne protection des palmeraies.

Elle serait d'autant plus efficace qu'elle exerce sa prédation plus intensément sur les arbres les plus infestés. Ce premier essai de lutte biologique effectué contre *O. afrasiaticus* en Algérie par lâchers de *S. punctillum* permet d'envisager de nouvelles perspectives en matière de protection du palmier dattier contre l'acariose. Ces lâchers, dont l'efficacité devra être améliorée en optimisant la quantité de prédateurs répartis sur les palmiers aux moments les plus opportuns, pourraient ainsi être associés à une meilleure gestion des populations d'autres ennemis du Boufaroua.

Accessoirement, notre étude nous a en effet permis de recenser d'autres ennemis naturels d'*O. afrasiaticus* : des prédateurs appartenant à deux genres d'acariens Phytoseiidae (*Amblyseius sp.* et *Typhlodromus sp.*) et à un genre d'hétéroptères Anthocoridae (*Anthocoris sp.*). Par ailleurs, en plus de celle utilisée pour nos lâchers, deux espèces de coccinelles (*Pharoscymnus ovoideus* Sicard et *P. numidicus* Pic) ont été observées. Bien qu'elles soient essentiellement coccidophages, ces espèces pourraient s'attaquer sporadiquement aux acariens. Tous ces prédateurs potentiels d'*O. afrasiaticus* devront être protégés et des essais de lutte biologique devront être conduits avec eux afin de déterminer l'espèce la plus efficace pour contrôler l'acarien phytophage et décrire ses interactions avec *S. punctillum*. Ainsi, à termes, deux prédateurs ayant une action complémentaire pourraient être utilisés.

La préservation de l'écosystème palmeraie de toute action provoquant son déséquilibre est soumise à une bonne maîtrise totale de tous les facteurs abiotiques et biotiques qui le composent. La connaissance de sa dynamique et la gestion de leur développement sont les clés de toutes interventions anthropiques sans risque de nuire à cet écosystème qui est en voie de dégradation par l'homme, le premier responsable de cette situation.

Des études menées sur les palmeraies d'Ouargla ont toutes montré au moins un point en commun ; la fragilité de l'agrosystème palmeraie. En effet, les études menées soit au niveau du palmier dattier ou de la palmeraie ont montré une large gamme faunistique (très diversifiée en espèces, et à la fois pauvre en nombre) mais d'une grande complexité quant aux relations trophiques qui lient les espèces animales entre elles et avec le végétal. Nous avons pu élucider quelques relations et interactions importantes (Figures 29 et 30) seulement, ce travail nécessite beaucoup d'années de recherche et surtout un plus grand nombre de palmeraies (autres régions phœnicicoles).

D'autres investigations plus poussées sont nécessaires pour améliorer ce genre de travail. Leurs importances résident sur le fait que ce type d'étude est indispensable pour la protection et la préservation des écosystèmes palmeraies. Il permet d'élargir le spectre de la lutte biologique en palmeraies, faute de quoi, nous assisterions à ce que nous avons appelé « le syndrome des 4 D » Délaissement – Déséquilibre – Dégradation – Désertification

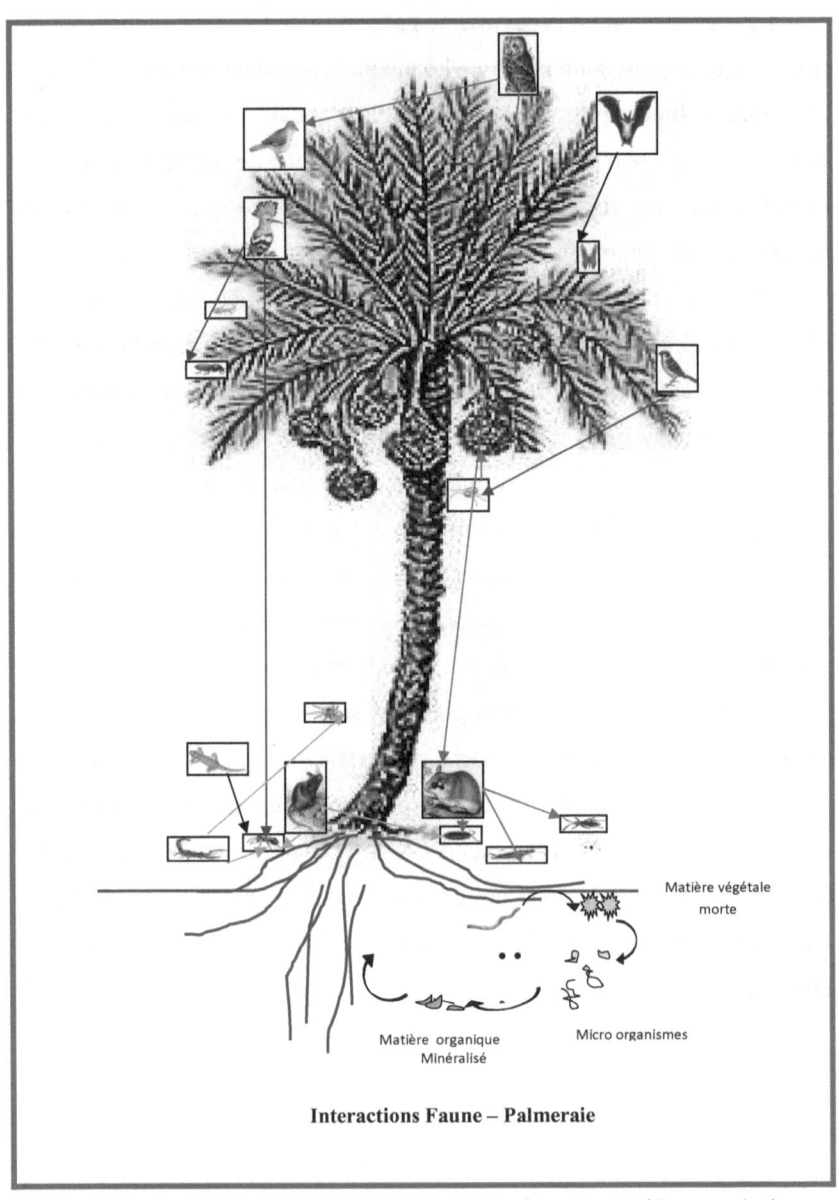

Matière végétale morte

Matière organique Minéralisé

Micro organismes

Interactions Faune – Palmeraie

Figure 29. Relations trophiques de la faune associée au palmier dattier (IDDER, 2009)

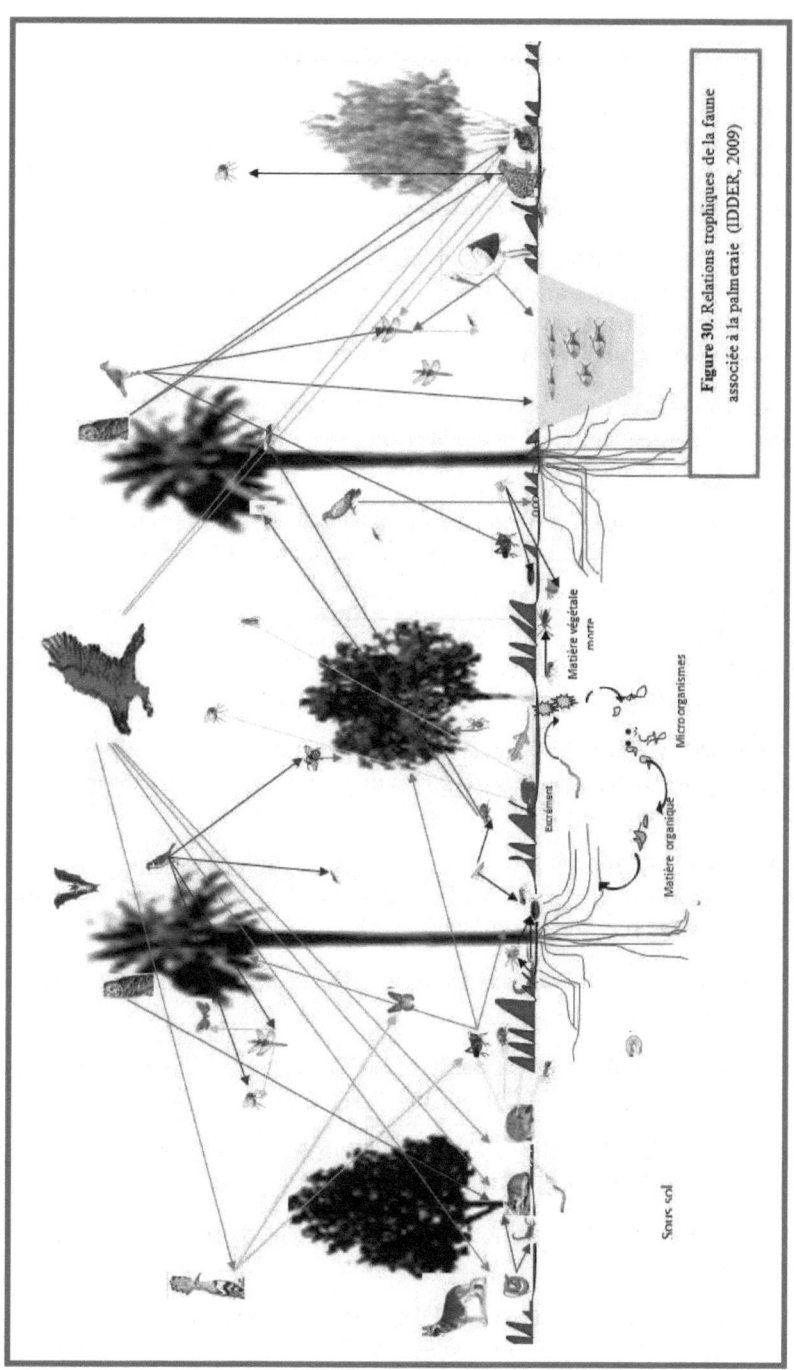

Figure 30. Relations trophiques de la faune associée à la palmeraie (IDDER, 2009)

Matière végétale morte

Micro organismes

Excrément

Matière organique

Sous sol

174

REFERENCES BIBLIOGRAPHIQUES

1. AKINKUROLERE R.O., BOYER S., CHEN H. et ZHANG H., 2009- Parasitism and Host-Location Preference in *Habrobracon hebetor* (Hymenoptera: Braconidae): Role of Refuge, Choice, and Host Instar. *Journal of Economic Entomology* ,2 : 610-615.

2. ALLAM A., 2008- *Etude de l'évolution des infestations du Palmier dattier (Phoenix dactylifera. Linné ; 1973 par Parlatoria blanchardi Targ. (Homoptera, Diaspididae TARG. 1892) dans quelques biotopes de la région de Touggourt.* Thèse de Magister, INA. 107 p.

3. AMIR-MAAFI M. et CHI H., 2006- Demography of *Habrobracon hebetor* (Hymenoptera: Braconidae) on two Pyralid Hosts (Lepidoptera: Pyralidae). *Ann. Entomol. Soc. America., 1: 84-90.*

4. ANDRE M., 1932 - Contribution à l'étude du Boufaroua Tétranyque nuisible au dattier en Algérie. *Bulletin de la Société d'Histoire Naturelle de l'Afrique du Nord*, 23: 301-338.

5. ANDREADIS, T. G., 1987 - Horizontal transmission of *Nosema pyrausta* (Microsporidia: Nosematidae) in the European corn borer, *Ostrinia nubilalis. Environ. Entomol.* 16 : 1124-1129.

6. ANONYME, 2003- Recensement Général de l'Agriculture 2001. Rapport général des résultats définitifs du ministère de l'agriculture et de la pèche, Juin 2002. Alger, 122 p.

7. ANONYME, 2004- Dattes : Dattes: la production mondiale menacée par les ravageurs et les maladies. Réseau mondial sur le palmier-dattier. http://www.fao.org/newsroom/fr/news/2004/48147/index.html

8. ANONYME, 2005- *Monographie de la région de Ouargla.* Edit. la wilaya de Ouargla, 161 p.

9. ANONYME, 2008- La région de Ouargla, http://maps.google.fr/maps?hl=fr&tab=wl

10. AUDEMARD, H. 1986. Biological control of the codling moth(*Cydia pomonella*). Colloques De L'INRA 34, 15-28.

13. BAGNOULS F. et GAUSSEN H., 1953- Saison sèche et indice xérothermique. *Bull. Soc. Hist. Nat. Toulouse*, 88 : 193-239.

14. BAGNOULS F. et GAUSSEN G., 1957- Climats biologiques et leur classification. *Annales de Géographie*, 355 : 193-220.

15. BALACHOWSKY, A. S., 1925- Note sur les prédateurs de *Parlatotia blanchardi* Targ. et sur leur utilisation en vue de la lutte biologique contre ce coccidé. *Bull. Scie. D'hist. Nat. d'Afrique du Nord,* 6 : 167-172.

16. BALACHOWSKY, A. S., 1932- *Étude biologique des coccidés du bassin occidental de la Méditerranée.* In : Encyclopédie Entomologique, XV P. Lechevalier & Fils, Paris, 214 p.

17. BALACHOWSKY A. S., 1951a- *La lutte contre les insectes ; principes, méthodes, applications.* Ed. Payot. Paris, 380 p.

18. BALACHOWSKY, A. S., 1951b- Sur deux Diaspidinae (Hom. Coccoidae) nouveaux de Moyenne Guinée (A.O.F.) Contribution a l'étude des Coccoidea de la France d'outre-mer, 5e note. *Bull. Soc. ent. Fr.* 57 : 98-101.

19. BALACHOWSKY, A. S., 1953- Les Cochenilles de France, d'Europe, du Nord de l'Afrique, et du Bassin Méditerranéen. VII Monographic de Coccoidea ; Diaspidinae-IV. *Actu. sci. industr.* 1202 : 29 p.

20. BALACHOWSKY, A.S., 1954- *Les Cochenilles Paléarctique de la Tribu des Diaspidini.* Mem. sci. Inst. Pasteur, Paris, 450 p.

21. BALACHOWSKY, A.S. et KAUSSARI, M., 1956- Contribution à l'étude de la faune primitive des arbres fruitiers dans le leur biotope ancestral. Sur un Coccoidea-Diaspidini nouveau nuisible à l'Abricotier cultive en Iran. *Bull. Lab. Ent. agr. Portici* 14 : 298-305.

22. BALACHOWSKY, A.S., 1958- Les Cochenilles du Continent Africain Noir Vol. 2. Aspidiotini (2ème partie), Odona-spidini et Parlatorini. *Ann. Mus. Congo beige,* 4 : 149-346.

23. BALACHOWSKY A.S., 1971- *Entomologie appliquée à l'agriculture.* Ed. Masson et Cie, Paris, France, 2 (2) 1150 p.

24. BEAL J.M., 1937- Cytologycal studies in the genus *Phoenix. Botanical Gazette,* 99 : 400-407.

25. BEKKARI A. et BENZAOUI S., 1991- *Contribution à l'étude de la faune des palmeraies de deux régions du Sud-Est algérien (Ouargla et Djamâa).* Mem. Ing. Agr., I.T.A.S, Ouargla, 109 p.

26. BEKKOUCHA B., 2002- *Inventaire qualitatif de l'avifaune dans la région d'Ouargla.* Mem. Ing. Agr., Dep. Sci.Agr., Université d'Ouargla, 154 p.

27. BELGUEDJ M., 1996- Caractéristiques des cultivars de dattiers du Sud-Est du Sahara algérien. *Revue de l'Inst. Tech.de Dév. de l'Agri. Sahar.*, Volume 1, Biskra, 67 p.

28. BELGUEDJ M., 2002- Les ressources génétiques du palmier dattier. Caractéristiques des cultivars de dattiers du Sud-Est du Sahara algérien. Alger, *Ed. I.N.R.A.A. (Dossiers-Documents-Débats N°1). 289 p.*

29. BENADDOUN A., 1987- *Etude bio-écologique d'Ectomyelois ceratoniae (Lepidoptera-Pyralidae) à Ghardaïa.* Mémoire Ing., INA El Harrach, Alger, 53 p.

30. BENASSY C., 1958- Les insectes entomophages d'intérêt agricole acclimatés en France. Les Chalcididae parasites de *Diaspis pentagona* Targ. *Bulletin Soci. Entomol. France* 1 : 334- 335.

31. BENHENNI A. et DJEGHOUBBI M.T., 2003- *La biocénose comme indicatrice de dysfonctionnement d'un écosystème. (Cas de l'exploitation de l'ex I.T.A.S).* Mémoire Ing. d'Etat, Ecol., Université de Ouargla, 58 p.

32. BENKHALIFA A., 1989- *Ressources génétiques du palmier dattier (Phoenix dactilyfera L.) et la lutte contre la fusariose. Organisation de la variabilité des cultivars du palmier des palmeraies du Sud-ouest algérien.* Thèse de Magister, ENS Kouba, Alger, 103 p.

33. BENMAHCENE S., 1998- *Contribution à l'amélioration des aspects de la conduite du palmier dattier (Phœnix dactylifera L.).* Thèse de Magister en Sci.Agro., I.N.A. El Harrach, Alger, 173 p.

34. BENMESSAOUD-BOUKHALFA H. NENON J.P. et **LE LANNIC J.**, 2000- Sécrétions cireuses chez Bemisia tabaci Gennadius (Hemiptera : Aleyrodidae). Evolution au cours du cycle de développement. *Ann. Soci. Entomo. France*, 2 : 165-170.

35. BENOTHMAN Y., REYNES M., et BOUABIDI H., 1996- Le palmier dattier dans l'agriculture d'oasis des pays méditerranéens. CIHEAM, *Journées Internationales sur le Palmier Dattier dans l'Agriculture d'Oasis des Pays Méditerranéens*, du 24 au 27 avril, 1996, (Elche, Espagne), pp. 210-211.

36. BENSALAH M.K., 2009- *Etude de quelques aspects bioécologiques du criquet pèlerin ; Schis Biskratocerca gregaria (Forskal 1775) (Orthoptera, Acrididae) durant l'invasion 2004, 2005 Dans la région de Biskra.* Thèse de Magister, ENSA El-Harrach. 149 p.

37. BENZAHI M.L., 1997- *Le Boufaroua : Oligonychus afrasiaticus (Mc Gregor). Importance, inventaire de ses ennemis naturels et tentative de multiplication de Stethorus punctillum (Weise) en vue d'une éventuelle lutte biologique contre ce déprédateur dans la région de Ouargla.* Mémoire Ing. Etat, I.N.F.S.A.S., Ouargla, 109 p.

38. BERGUIGA F., 2003- *Tentative de lutte biologique contre Oligonychus afrasiaticus par l'utilisation de Stethorus punctillum dans la région de Hassi Ben Abdallah, Ouargla.* Mémoire Ing. d'Etat, Agr. Université de Ouargla, 96 p.

39. BILLIOTTI E. et DAUMAL J., 1969- Biologie de *Phanerotoma flavitestacea* Fischer (Hymenoptera, Braconidae). Mise au point d'un élevage permanent en vue de la lutte biologique contre *Ectomyelois ceratoniae* Zell., *Ann. Zool. Ecol. Anim.*, 1 : 379-394.

40. BOUAFIA S., 1985- *Bio-écologie du Boufaroua : Olygonychus afrasiaticus (Mc.Gregor) (Acarina-Tetranychidae) à l'I.T.A.S. de Ouargla et utilisation de Trichogramma embryophagum (Hartig) comme agent de lutte biologique contre la pyrale des dattes Ectomyelois ceratoniae (Zeller).* Mémoire Ing. d'état, I.N.A., El-Harrach, Alger, 67 p.

41. BOUAMMAR B. et IDDER M.A., 2006- Savoir faire local dans l'Agriculture oasienne : déperdition ou reconduction. *Revue du chercheur, Université de Ouargla*, 4 : 21-23.

42. BOUDY P., 1952- *Guide du forestier en Afrique du Nord.* Ed. La maison rustique, Paris. 505 p.

43. BOUGUEDOURA N., 1979- *Contribution à la connaissance du palmier dattier Phœnix dactylifera L. : étude des productions axillaires.* Thèse Doctorat. 3ème cycle, U.S.T.H.B., Alger, 153 p.

44. BOUGUEDOURA N., 1991- *Connaissance de la morphogenèse du palmier dattier (Phœnix dactylifera). Etude in situ et in vitro du développement morphogénétique des appareils végétatif et reproducteur.* Thèse Doctorat d'état, U.S.T.H.B., Alger, 201 p.

45. BOUKA H., CHEMSEDDINE M., ABBASSI M. et BRUN J., 2001- La pyrale des dattes dans la région de Tafilalet au Sud-Est du Maroc. *Fruits*, 3 : 189-196.

46. BOUNAGA N., 1991- Le palmier dattier : rappels biologiques et problèmes physiologiques. Physiologie des arbres et arbustes en zones arides et semi-arides, Groupe d'étude de l'Arbre. *Ed. John Libbey Eurotext, Paris, France, pp. 323- 336.*

47. BOUSSAID L. et MAACHE L., **2000**- *Données sur la bio-écologie et la dynamique des populations de Parlatoria blanchardi Targ dans la cuvette d'Ouargla.* Mémoire Ing. d'Etat Agr., I.A.S.Ouargla, 94 p.

48. BRAVENBOER, L. et DOSSE G., **1962**. Phytoseiulus riegeli Dosse als Prädator einiger
Schadmilben aus der Tetranychus urticae-Gruppe. *Entomologia Experimentalis &Applicata* 5: 291-304.

49. BRUN J., **1990**- Les ravageurs du palmier dattier : les moyens de lutte contre la cochenille blanche (*Parlatoria blanchardi* Targ.). - *Options Méditerranéennes*, 11 : 271-274.

50. CARRILLO M. , HEIMPEL G., MOON R., CANNON C et HUTCHISON W., **2005**- Cold hardiness of *Habrobracon hebetor* (Say) (Hymenoptera: Braconidae), a parasitoid of pyralid moths. *Journal Insect Physiol.*, 7 : 759-768.

51. CAYROL J.C. et COMBETTES S., **1972**- Les possibilités d'utilisation des nématodes mycophages comme agents de lutte biologique contre les fontes de semis. P.H.M., *Horticole*, 180 : 33-35.

52. CHAKALI G., **1981**- *Biologie de la pyrale des dattes Ectomyelois ceratoniae ZELLER (Lepidoptera-Pyralidae) dans la région de Biskra (Ain Ben Naoui).* Thèse. Ing. Agr. INA, El-Harrach, 48 p.

53. CHAZEAU J., **1972**- Développement et fécondité de *Stethorus madecassus* (Coléoptères, Coccinellidae), élevé en conditions extérieures dans le sud-ouest de Madagascar. *Entomophaga*, 17 : 275-295.

54. CHAZEAU J., **1979**- Quinze années de lutte biologique contre la chenille du cocotier *Temnaspidiotus destructor* aux Nouvelles-Hébrides : 1964-1978. In : *Réunion du groupe d'étude régional sur la lutte biologique de la CPS.* Nouméa : ORSTOM, 2, 13 p.

55. CHEHMA A., DJEBAR M.R., HADJAIJI F. et ROUABEH L., **2005** - Etude floristique spatio-temporelle des parcours sahariens du Sud-Est algérien. *Science planétaire/ Sécheresse*, 16 : 275-285.

56. CLOUTIER C. et CLOUTIER C. 1992 - *Les solutions biologiques de lutte pour la répression des insectes et acariens ravageurs des cultures. In La lutte biologique*, Québec, Canada: Gaétan pp.19-88.

57. CORNET, 1952- Essai sur l'hydrogéologie du Grand Erg Occidental et des régions limitrophes. *Trav. Inst. Rech. Sah.,* Paris, 8 : 71-122.

58. COSSÉ A.A., ENDRIS J.J., MILLAR J.G. et BAKER T.C., 1994- Identification of volatile compounds from fungus-infected date fruit that stimulate upwind flight in female *Ectomyelois ceratoniae. Entomologia experimentalis et applicata* 72 : 233-238.

59. CÔTE M., 2005 - La ville et le désert. Le Bas-Sahara algérien. *Edition Karthala.* 306 p.

60. COUDIN B., GALVEZ F., 1976- Biologie de l'acarien du palmier dattier *Oligonychus afrasiaticus* (Mc Gregor) en Mauritanie. *Fruits,* 3 : 543 - 550.

61. DAJOZ R., 1971- *Précis d'écologie.* Ed. Dunod., Paris, 434 p.

62. DAJOZ R., 1982- *Précis d'écologie.* Ed. Dunod., Paris, 503 p.

63. DAJOZ R., 1985- *Précis d'écologie.* Ed. Dunod., Paris, 499 p.

64. DAUMAL J., VOEGELE J. et BRUN P., 1975- Les Trichogrammes. II. Unité de production massive et quotidienne d'un hôte de substitution *Ephestia kuehniella* Zell. (Lepidoptera, Pyralidae). *Ann. Zool. Ecol. Anim.,* 7: 45-59

65. DEBACH P. ET ROSSEN D., 1991- *Biological control by natural enemies.* Cambridge University Press, Cambridge, 440 p.

66. DELASSUS et PASQUIER, 1931- Les ennemis du dattier et de la datte. *Semaine du dattier, Biskra (Algérie),* rapport n° 13.

67. DHOUIBI M.H., 1989- *Biologie et écologie d'Ectomyelois ceratoniae Zeller (Lepidoptera-Pyralidae) dans deux biotopes différents au sud de la Tunisie et recherche de méthodes alternatives de lutte.* Thèse Doctorat d'état Univ. Paris VI, 152 p.

68. DHOUIBI M.H., 1991- *Les principaux ravageurs du palmier dattier et de la date en Tunisie.* Institut National Agronomique de Tunisie, 64 p.

69. DHOUIBI M. H. et JEMMAZI A., 1996- Lutte biologique en entrepôt contre la pyrale *Ectomyelois ceratoniae,* ravageur des dattes. *Fruits,* 51 : 39-46.

70. DJAKAM L. et KEBBIZE K., 1993- *Contribution à l'étude de la faune des palmeraies de trois régions du Sud – Ouest algérien (Timimoune, Adrar et Béni-Abbés)*. Mem. Ing. Agr. I.N.F.S./A.S., Ouargla, 144 p.

71. DJERBI M., 1988- *Les maladies du palmier dattier*. Ed. FAO, PNUN et RAB, Alger, 127 p.

72. DJERBI M., 1994- *Le précis de la phœniciculture*. Ed. FAO, Rome, 191 p.

73. DJOUDI H., 1992- *Contribution à l'étude bioécologique de la cochenille blanche du palmier dattier, Parlatoria blanchardi TARG. (Homoptera Diaspididae) dans une palmeraie, dans la région de Sidi-Okba (Biskra)*. Memoire Ing. d'Etat, Batna, 114 p.

74. DJOUHRI O., 1994- *Inventaire des coccinelles entomophage (Coleoptera – Coccinellidae) dans la région de Ouargla et aperçu bioécologique des principales espèces recensées*. Mémoire Ing. Agr. Sah. INFS/AS Ouargla, 109 p.

75. DORE T., LE BAIL M., MARTIN P., NEY B., ROGER-ESTRADE J., 2006- *L'agronomie aujourd'hui*. Edit. Quae, Paris, 367 p.

76. DOUMANDJI S, 1981- *Biologie et écologie de la pyrale des caroubes dans le Nord de l'Algérie Ectomyelois ceratoniae Zeller (lepidoptera-Pyralidae)*. Thèse doctorat es, Scie, Univ. Pierre et Marie Curie, Paris, 138 p.

77. DOUMANDJI-MITICHE B., 1977- Les pyrales des dattes stockées. *Annales de l'I.N.A.*, El Harrach, Alger, 7 : 32-58.

78. DOUMANDJI-MITICHE B., 1983- *Contribution à l'étude bioécologique des parasites de la Pyrale des caroubes, Ectomyelois ceratoniae Zeller (Lepidoptera, Pyralidae) en Algérie en vue d'une lutte biologique contre ce ravageur*. Thèse Doctorat. d'Etat, es-sciences. Naturelles. Univ. Pierre et Marie Curie, Paris VI, 253 p.

79. DOUMANDJI-MITICHE B., 1985- Les parasites des pyrales des dattes dans quelques oasis algériennes et particulièrement ceux d'*Ectomyelois ceratoniae*. Essaie de lâcher de *Trichogramma embryophagum* dans les palmeraies d'Ouargla. *Annales de l'INA*, El Harrach, Alger, 9 : 14-37.

80. DOUMANDJI-MITICHE B. et DOUMANDJI S, 1993- *La lutte biologique contre les déprédateurs des cultures*, Ed. O.P.U., Alger 94 p.

81. DOUMANDJI-MITICHE B. et IDDER M.A., 1986- Essais de lâchers de *Trichogramma embryophagum* Hartig (Hymenoptera, Trichogrammatidae) contre la pyrale des dattes *Ectomyelois ceratoniae* Zeller (Lepidoptera, Pyralidae) dans la palmeraie de Ouargla. *Annales de l'INA, El-Harrach, Alger*, 10: 167-180.

82. DOYLE J.A., 1973- The monocotyledons: their evolution and comparative biology. V. Fossil evidence on early evolution of the monocotyledons. *Quart. Rev. Biol.*, 48 : 399-413.

83. DRIDI B., BAOUCHI H., BENDDINE F. et ZITOUN A., 2000 - *Lutte contre le ver de la datte Ectomyelois ceratoniae Zeller, (lepidoptera-pyralidae) par l'utilisation de la technique des insectes stériles (TIS) 1ère application dans la wilaya de Biskra.* Atelier sur la faune utile et nuisible du palmier dattier, I.A.S. Ouargla, pp. 11-16.

84. DUBIEF J., 1950 - Chronologie et migration des Imanghasaten, *IBLA*, 13 : 23-36.

85. DUBIEF J., 1951- Alizés, Harmattan et vents étésiens. Paris, *ERS*, pp. 90-187.

86. DUBIEF J., 1959- Le climat du Sahara, *Public. de l'I.R.S.*, Alger, pp. 17-36.

87. DUBOST F., 1991- La problématique du paysage, état des lieux. Etudes rurales n° 2 pp. 121-124.

88. DUKTY et WHITE., 1940- La voie de la lutte microbienne. J*ournal of Invertebrate Pathology, Volume 89, Issue 1, Mai 2005, Jeffrey C. Lord.* pp 19-29.

89. DURANTON J.-F. et LECOQ M., 2002. *Le Criquet pèlerin.* Collection Acridologie Opérationnelle n° 6. Comité Inter-Etats de Lutte contre la Sécheresse dans le Sahel, *Département de Formation en Protection des Végétaux (Niamey)* : 183 p.

90. DUTIL P., 1971- *Contribution à l'étude des sols et des paléosols du Sahara.* Thèse Doctorat ès. Sc. Natu., Univ. Strasbourg, 300 p.

91. EL-BEKR A., 1972 - *Le palmier dattier : Passé, Présent et Nouveauté dans son agronomie, industrie et commerce.* Imp. El Ani, Bagdad, Irak, 1050 p.

92. EUVERTE G., 1962- *Programme d'étude de Parlatoria blanchardi TARG et ses prédateurs sur la station de Kankossa.* Rapport I.F.A.C., 75 p.

93. FAUVEL G., 1974- Les insectes prédateurs d'acariens. Colloque sur les acariens des cultures, Montpellier, *Ann. ANPP.* N° 2, Vol. 1 : 29-49.

94. FERRON P., 1999- *Protection intégrée des cultures : évolution du concept et de son application.* In Fraval A. et Silvy C. : La lutte biologique (II). Dossiers de l'Environnement de l'INRA n°19, I.N.R.A. Éditions, Paris, 274 p.

95. FOROUZAN M. AMIRMAAFI M. et SAHRAGARD A., 2008- Temperature-dependent development of *Habrobracon hebetor* (Hym.:Braconidae) reared on larvae of *Galleria mellonella* (Lep.: Pyralidae). *Journal of Entomological Society of Iran*, 1 : 67-78.

96. FRANDON J., KABIRI F. et PIZZOL J., 2002- La lutte biologique contre la pyrale du maïs avec les trichogrammes - *Bilan des derniers développements. 2ème Conférence internationale sur les moyens alternatifs de lutte contre les organismes nuisibles aux végétaux, Lille, 8 p.*

97. FREMY D. et M., 2000- *Le Quid. Encyclopédie.* Ed. Robert Laffont, France, 2014 p.

98. GIOVANNI G., 1969- *Note sur les variétés de dattier cultivées en Algérie.* Alger, Ed. I.N.R.A.A., 38 p.

99. GOTHILF., 1969- The biologie of the carob moth *Ectomyelois ceratoniae* Zeller in Israel. Effect of food, temperature and humidity on development. *Israel J. Ent.*, 4 : 107-116.

100. GOURREAU J.M., 1974- *Systématique de la tribu des Scymnini (Coccinellidae),* annales de zoologie, écologie animale, numéro hors série, INRA, 223 p.

101. GREATHEAD, D. J. KOOYMAN, C. LAUNOIS-LUONG, M. H. et POPOV G. B., 1994- *Les ennemis naturels des criquets du Sahel.* Collection acridologie, Niamey, Niger. Opérationnelle, pp. 4-7.

102. GUENDOUZ-BENRIMA A., DURANTON J.F. et DOUMANDJI MITICHE B., 2009- Food choice of the desert locust *Schistocerca gregaria* (Fork., 1775) (Orthoptera, Cyrthacantacridinae) in its solitary phase in Algeria : [Abstrac *Metaleptea.* (Special Meeting) : 117. *International Congress of Orthopterology.* 10, du 21 au 26 juin, Antalya, Turquie.

103. GUESSOUM M., 1985- Approche d'une étude bioécologique de l'acarien *Oligonychus afrasiaticus* (Mc Gregor) (Boufaroua) sur palmier dattier. *Premières Journées d'Etude sur la « Biologie des ennemis animaux des cultures, dégâts et moyens de lutte,* INA., Alger, 6 p.

104. GUESSOUM M., 1988- *l'Acarofaune de quelques cultures et bioécologie de Panonychus ulmi (Koch) et de Cenopalpus pulcher (Can. Et Fanz) sur pommier en Mitidja et Oligonychus afrasiaticus (Mc Gregor) sur palmier dattier. Essai d'efficacité de quelques insecticides et acaricides.* Thèse Magister, INA, Alger, 228 p.

105. GUTIERREZ J., 1988- *Problèmes posés par les acariens phytophages sur les plantes cultivées en Afrique tropicale.* Montpellier, ENSAM. INRA, ORSTOM, pp. 52-54.

106. HADDAD L., 2000- *Quelques données sur la bio-écologie d'Ectomyelois ceratoniae dans les régions de Touggourt et Ouargla, en vue d'une éventuelle lutte contre ce déprédateur.* Mémoire Ing., I.T.A.S., Ouargla, 62 p.

107. HADDOU I.., 2005- *Etude comparative entre quinze variétés de dattes et leurs taux d'infestation par Ectomyelois ceratoniae Zeller (Lepidoptera-Pyralidae) dans la région d'Ouargla.* Mémoire Ing., Univ. Ouargla, 62 p.

108. HADJSEYD A. LANEZ T. IDDER M. A. et BENACHOURA S. B., 2009- Mise au point d'un logiciel compilant une base de données des plantes médicinales algériennes et les études de recherches réalisées sur ces plantes. *Ann. Fac. de Sci.et Sci. de l'Ing.*, 1 : 81-90.

109. HALITIM A., 1985- *Contribution à l'étude des sols des zones arides (Hautes Plaines Steppiques d'Algérie). Morphologie, distribution et rôle des sels dans la genèse et le comportement des sols.* Thèse de Doctorat d'Etat, Université de Rennes, 383 p.

110. HAMDI AISSA B., 2001- Le fonctionnement actuel et passé de sols du Nord Sahara (cuvette de Ouargla). Approches micro morphologique, géochimique et minéralogique et organisation spatiale. *Science et changements planétaires / Sécheresse,* 12 : 198.

111. HAMDI AISSA B. et GIRARD M.C., 2000- Utilisation de la télédétection en région sahariennes, pour l'analyse te l'extrapolation spatiale des pédopaysage. *Revue sécheresse*, 11:88-179.

112. HANNACHI S. et KHITRI D., 1991- *Inventaire et identification des cultivars de dattiers dans la cuvette de Ouargla : organisation de la variabilité.* Mémoire Ing. Agr., INFSAS, Ouargla, 58 p.

113. HANNACHI S. KHITRI D. BEN KHALIFA A. et BRAC DE LA PERIERE A., 1998- *Inventaire variétal de la palmeraie algérienne.* Ed. ANEP, Rouïba, Algérie, 225 p.

112. HAWLITZKY N. BOULAY C., 1986- Effects of the egg-larval parasite, *Phanerotoma flavitestacea* Fisch. (Hymenoptera, Braconidae) on the dry weight and chemical composition of its host *Anagasta kuehniella* Zell. (Lepidoptera, Pyralidae). *Journal of Insect Physiology*, 4 : 269-274.

114. HAWLITZKY N., 1992- La lutte biologique à l'aide de trichogrammes. *Courrier de la cellule environnement*, 16 : 9-26.

115. HEGAZI M. et al., 2005- Developmental interaction between suboptimal instars of *Spodoptera littoralis* (Lepidoptera:Noctuidae) and its parasitoid *Microplitis rufiventris* (Hymenoptera: Braconidae). *Arch Insect Biochem Physiol*, 60 : 172-184.

116. HOCEINI H., 1977 – *Etude bioécologique de Parlatoria blanchardi.* Memoire Ing. Agr. I.N.A. El-Harrach, 97 p.

117. HOUNDETE A.T., ATACHI P., TAMÒ M., ARODOKOUN, Y.D., 2005- Interaction de *Phanerotoma leucobasis* Kriechbaumer *(hymenoptera : braconidae) avec Trichogrammatoidea sp. (hymenoptera : trichogrammatidae), deux parasitoïdes de maruca vitrata* Fabricius (lepidoptera : pyralidae), ravageur du niébé, *vigna unguiculata* Walp. *Annales des sciences Agronomiques du Bénin*, 2 : 45-53.

118. IDDER H., IDDER M.A., et RAACHE A., 2000- Etude comparative des taux d'infestation de deux variétés de dattes (Deglet Nour et Ghars) par la pyrale de dattes :*Ectomyelois ceratoniae* (Lepidoptera- Pyralidae) dans deux biotopes différents : palmeraie à plantation anarchique et palmeraie à plantation organisée dans la région de Ouargla. *Atelier sur la faune utile et nuisible du palmier dattier et de la datte*. I.A.S. Ouargla, pp. 4-10.

119. IDDER-IGHILI H., 2008- *Interactions biologiques et agronomiques entre la pyrale des dattes Ectomyelois ceratoniae Zeller (Lepidoptera, Pyralidae) et quelques variétés de dattes dans les palmeraies de Ouargla (Sud-Est algérien).* Thèse magister Agronomie Saharienne, Univ. Ouargla. 102 p.

120. IDDER M.A., 1984- *Inventaire des parasites d'Ectomyelois ceratoniae ZELLER (Lepidoptera, Pyralidae) dans les palmeraies de Ouargla et lâchers de Trichogramma embryophagum HARTIG (Hymenoptera- Trichogrammatidae) contre cette pyrale.* Mémoire Ing. Agro., I.N.A., El-Harrach, Alger, 70 p.

121. IDDER A., 1991- *Contribution à l'étude bioécologique de l'acarien Oligonychus afrasiaticus (Mc Gregor) (Acarina – Tétranychidae) dans la palmeraie de l'ITAS.* Mémoire Ing. Etat, I.N.F.S.A.S., Ouargla, 48 p.

122. IDDER M.A., 1992 - *Aperçu bioécologique sur Parlatoria blanchardi Targ. (Homoptera, Diaspididae) en palmeraies de Ouargla et utilisation de son ennemi Pharoscymnus semiglobosus Karsh. (Coleoptera, Coccinellidae) dans le cadre d'un essai de lutte biologi*que. Thèse de Magister en Sciences Agronomiques, I.N.A., El-Harrach, Alger, 102 p.

123. IDDER M.A., 2000- La phœniciculture dans la vallée de l'oued Mya : contraintes et orientations pour un développement durable. El - Oued, du 1 au 4 Octobre 2000. Federation of Arab Scientific Research Council. CRSTRA. *Congrès Scientifique Arabe. El-Oued,* pp. 299-304.

124. IDDER M.A., 2002- La préservation de l'écosystème palmeraie : une priorité absolue ; cas de la cuvette de Ouargla. *Séminaire international sur le développement de l'agriculture saharienne comme alternative aux ressources épuisables.* Biskra du 22 au 23 octobre. Université Mohamed Khider de Biskra, pp. 38-44.

125. IDDER M. A, 2006- La préservation de l'écosystème palmeraie. Tentative de lutte biologique en palmeraie contre deux principaux ravageurs de la datte et du palmier dattier : *Ectomyeloïs ceratoniae* et *Parlatoria blanchardi* par l'utilisation de *Trichogramma embryophagum* et *Pharoscymnus semiglobosus. Euromediterannean Workshop of Animal Ecology. ; Du 22 au 24 novembre.* Université Annaba, pp. 8-11.

126. IDDER M.A., 2008- La biocénose comme indicatrice des modifications climatiques : cas de l'exploitation agricole de l'ITAS de Ouargla. *Les journées internationales sur l'impact des changements climatiques sur les régions arides et semi arides; du 15 au 17 décembre.* CRSTRA, Biskra.

127. IDDER M.A., 2009- La biodiversité, source d'intensification de la lutte biologique en palmeraies. *Séminaire international sur la Biodiversité Faunistique en Zones Arides et Semi Arides du 21 au 23 Novembre,* Faculté SNV/STU, Université Kasdi Merbah-Ouargla.

128. IDDER M.A. et PINTUREAU B., 2009- Efficacité de la coccinelle *Stethorus punctillum* (Weise) comme prédateur de l'acarien *Oligonychus afrasiaticus* (McGregor) dans les palmeraies de la région d'Ouargla en Algérie. *Fruits,* 63 : 85-92.

129. IDDER. M.A., BOUSSAID L., et MAACHE L., 2000- La cochenille blanche ; *Parlatoria blanchardi. Atelier sur la faune utile et nuisible du palmier dattier et de la datte. I.A.S.,* les 22-23 février, CUO – CRSTRA.

130. IDDER M.A., ZENKHRI S. et DADAMOUSSA B., 2006- lutte biologique contre la cochenille blanche du palmier dattier à l'aide de la coccinelle *Pharoscymnus semiglobosus* dans le Sud est algérien. *Conférence Internationale Francophones d'Entomologis*tes. Rabat du 2 au 6 juillet.

131. IDDER M.A., BENSACI M., OUALAN M. et PINTUREAU B., 2007- Efficacité comparée de trois méthodes de lutte contre la Cochenille blanche du Palmier dattier dans la région d'Ouargla (Sud–est algérien) (Homoptera, Diaspididae). *Bul. Soci. Entom.* France, 112 : 191-196.

132. IDDER M.A., BOLLAND P., DOUMANDJI-MITICHE B. et PINTUREAU B., 2009- Efficacité de *Trichogramma cordubensis* Vargas & Cabello (Hymenoptera, Trichogrammatidae) pour lutter contre la pyrale des dattes *Ectomyelois ceratoniae* Zeller (Lepidoptera, Pyralidae) dans la palmeraie de Ouargla, Algérie. *Recherche Agronomique*, 23 : 58-64.

133. IDDER M.A., IDDER-IGHILI H., SAGGOU H. et PINTUREAU B., 2009- Taux d'infestation et morphologie de la pyrale des dattes *Ectomyelois ceratoniae* (Zeller) sur différentes variétés du palmier dattier *Phoenix dactylifera* (L.). *Cahiers Agriculture*, 18 : 63-71.

134. IPERTI G., 1961- Les coccinelles. Leur utilisation en agriculture. *Rev. Zool. Agri. Appl.*, 3: 2-28.

135. IPERTI G. et BRUN J. 1969- Rôle d'une quarantaine pour la multiplication des Coccinellidae coccidiphages destinés à combattre la cochenille du palmier dattier (*Parlatoria blanchardi* Targ.) en Adrar mauritanien. - *Entomophaga*, 14 : 149-157.

136. IPERTI G., LAUDEHO Y., BRUN J. et CHOPPIN DE JANVRY E. 1970- Les entomophages de *P. blanchardi* Targ dans les palmeraies de l'Adrar mauritanien. III. Introduction, acclimatation et efficacité d'un nouveau prédateur Coccinellidae : *Chilocorus bipustulatus* L. var. *iranensis* (var. nov.). *Ann. Zool. Ecol. Anim.*, 2 : 617-638.

137. JOURDHEUIL P., 1978- Lutte biologique à l'aide d'insectes entomophages, présentation des problèmes et stratégies d'utilisation. *Le Bulletin Technique d'Information*, 332-333.

138. JOURDHEUIL P ., 1992- La lutte biologique à l'aide d'Arthropodes entomophages. Bilan des activités des services français de recherche et de développement. *Cah. Liaison OPIE*, 20 : 3-48.

139. JOURDHEUIL P., 1999- La lutte biologique : un aperçu historique. *Dossier de l'environnement de l'INRA*, 19 : 213-233.

140. JOURDHEUIL, P., GRISON P. et FRAVAL A., 1999- La lutte biologique : un aperçu historique. *La lutte biologique, dossier de la Cellule environnement de l'INRA*, 511-535.

141. KABIRI F., FRANDON J., VOEGELE J., HAWLITZKY N. et STENGEL M., 1990- Stratégie évolutive des lâchers inondatifs de *Trichogramma brassicae* Bezd. (Hym. Trichogrammatidae) contre la Pyrale du maïs *Ostrinia nubilalis* Hbn. (Lep., Pyralidae). ANPP, 2ème *conférence internationale sur les ravageurs en agriculture*, Versailles, 4, 5, 6 déc., 3 : 1225-1232.

142. KADIK B. et HAMOUDI A., 1976- La chenille processionnaire du Pin (*Thaumetopoea pityocampa* Denis et Schiff.), Biologie et moyens de lutte. *Note technique, Centre National de Recherche et d'expérimentation forestière*, 8p.

143. KEHAT M., 1968- The feeding behaviour of *Pharoscymnus numidicus* (Coccinellidae), predator of the date palm scale *Parlatoria blanchardi. Entomologia Experimentalis et Applicata*, 11 : 30-42.

144. KHELIL A., 1989- *Relation entre le niveau d'infestation par la cochenille blanche du palmier dattier, Parlatoria blanchardi T. (Hom. Diaspididae) et la composition glucidique de deux variétés étudiées : Deglet Nour et Ghars, dans l'exploitation de l'ITAS de Ouargla.* Mémoire Ing. Etat, I.N.F.S.A.S., Ouargla, 86 p.

145. KHOUALDIA O., R'HOUMA A., MARRO J. P. et BRUN J., 1996- Lâcher de *Phanerotoma ocuralis* Kohl contre la pyrale des dattes, *Ectomyelois ceratoniae* Zeller, dans une parcelle expérimentale à Tozeur en Tunisie, *EDP Sciences, Les Ulis, France*, 2 :129-132.

146. KHOUALDIA O., RHOUMA A., BELHADJ R., ALIMI E., FALLAH H., et KREITER P., 2001- Lutte biologique contre un acarien ravageur des dattes. Essai d'utilisation de *Neoseiulus californicus* contre *Oligonychus afrasiaticus* dans les palmeraies du Djerid (Sud tunisien). *Phytoma, la Défense des Végétaux*, 540 : 30-31.

147. KNIPLING E. F., 1972- Simulated population models to appraise the potential for suppressing sugarcane borer populations by strategic releases of the parasite*Lixophaga diatraeae. Environ. Ent. 1: 1-6.*

148. KOUASSI M., 2001- Les possibilités de la lutte microbiologique, en phase sur le champignon entomopathogène *B. bassiana*. Vertigo. *Revue en Sciences de l'Environnement sur le WEB*, 2 (2).

149. LAAMARI M., KHENISSA N., MEROUANI H., GHODBANE S et STARY P., 2009- Importance des Hyménoptères parasitoïdes des pucerons en Algérie. *Proceedings du Colloque International sur la Gestion des Risques Phytosanitaires, Marrakech, Maroc, 9-11 Novembre, volume 2, pp. 581-588.*

150. LAUDEH0 Y. et BENASSY C., 1969- Contribution à l' étude de l'écologie de *Parlatoria blanchardi* TARG en Adrar mauritanien, *Fruits, 22 : 273-287.*

151. LE BERRE M., 1978- Mise au point sur le problème du ver de la datte *Myelois ceratoniae* Zeller. *Bull. agr. Sahar.*, 1 : 1-35.

152. LE BERRE M., 1989- *Faune du Sahara. Poissons – Amphibiens et reptiles*. Ed. Raymond Chabaud, Tome 1, Paris, 332 p.

153. LE BERRE M., 1990- *Faune du Sahara. Mammifères*. Ed. Raymond Chabaud, Tome 2, Paris, 359 p.

154. LEGER C., 2003- *Etude d'assainissement des eaux usées résiduaires, pluviales et d'irrigation. Mesures de la lutte contre la remontée de la nappe phréatique. Etude de l'impact sur l'environnement, collecte et analyse des données,* A.N.E.P.I.A. (BG), 32 p.

155. LEPESME P., 1947- *Les insectes des palmiers.* Ed. Paul Le Chevalier, Paris, 903 p.

156. LEPIGRE A., 1961- Aspect scientifique et pratique de la lutte contre le ver des dattes. *Les Journées de la datte*, Biskra, pp.31-37.

157. LEPIGRE A., 1963- Essais de lutte sur l'arbre contre la pyrale des dattes (*Myelois ceratoniae* Zeller, Pyralidae). *Ann. Epiphyties*, 14 : 85-101.

158. MADKOURI M., 1975- Travaux préliminaires en vue d'une lutte biologique contre *Parlatoria blanchardi* au Maroc. *Options méditerranéennes*, 26 : 82-85.

159. MAHMA E., 2003- *Elevage des coccinelles coccidiphages (Coleoptera – Coccinellidae) et leur utilisation dans un essai de lutte biologique contre la cochenille blanche Parlatoria blanchardi Targ. (Homoptera – Diaspididae) du palmier dattier Phoenix dactylifera L. dans la région de Ouargla*. Mémoire Ing. Etat, Agr., Ouargla, 120 p.

160. MARCHAL P., 1936- Recherches sur la biologie et le développement des Hyménoptères parasites. Les Trichogrammes. *Ann. Epiph. Phytogen.* 2 : 447-551.

161. MARTIN H., 1965- Insecticide and fungicide handbook for crop protection. Blackwell Scientific Publications, Oxford, Royaume-Uni. *Entomological Society of America*. Volume 58, numéro 5.

162. MEBARKI M.T., 2009- *Les principaux déprédateurs du palmier dattier et de la datte. Contribution à l'inventaire de leurs auxiliaires.* Mémoire Ing. Agr. Dpt. Scie. Agr., Ouargla, 60 p.

163. MEKKAOUI M. et MOUANE S. 2007- Caractérisation floristique du milieu naturel et sa relation avec le système oasien. Mémoire Ing. Ecol., Université d'Ouargla, 62 p.

164. MORENO J. et JIMENEZ R., 1993- Parasitization of *Ephestia kuehniella* Zeller (Lep., Pyralidae) by *Phanerotoma* ocularis Kohl (Hym., Braconidae) : *parasitism, superparasitism and emergency rates. Zeitschrift für Angewandte Entomologie, 3 : 273-276.*

165. MOULAI R., 1994 - *Contribution à l'étude de quelques paramètres biologiques au laboratoire de Stethorus punctillum (Weise) (Coleoptera - Coccinellidae), prédateur de Tétranyques.* Mémoire Ing. Etat, INA, Alger, 88 p.

166. MUNIER P., 1973- *Le palmier dattier. Ed. Maison Neuve et Larose*, Paris, 231 p.

167. NENON J.P., 1981- L'utilisation des insectes entomophages en lutte biologique. Ann. Biol. 3 : 228-254.

168. NESSON C., 1978- *L'évolution des ressources hydrauliques dans les oasis du Bas Sahara algérien.* Edit. Centre Nati. Rech. Sc., Paris, 325 p.

169. OUELD H'MALLA M., 1998- *Effet de la date de ciselage sur la production dattière chez deux cultivars : Deglet Nour et Ghars dans la région de Ouargla.* Mémoire Ing. Agr. I.H.A.S. Ouargla, 125 p.

170. OZENDA P., 1983- *Flore du Sahara.* Edit. CNRS, Paris, 622 p.

171. OZENDA P., 2004- *Flore et végétation du Sahara.* Ed. CNRS, Paris, pp. 11-39.

172. PAGLIANO M., 1934- *Insectes nuisibles au palmier dattier en Tunisie.* Bull. n° 15, p

173. PASQUIER R., 1964- les ennemis du Palmier dattier et de la datte. *Les journées de la datte de Biskra*, pp. 51-71.

174. **PASSAGER P.,** 1957- Ouargla (Sahara Constantinois). Etude historique, géographique et médicale. *Arch. Inst. Pasteur d'Alger,* 35 : 99-200.

175. **PEYRON G.,** 2000- *Cultiver le palmier dattier.* Ed. CIRAD, France, 110 p.

176. **PIGUET, 1960-** *Les ennemis animaux des agrumes en Afrique du Nord.* Ed. Société Shell, Algérie, 117 p.

177. **PINTUREAU B.,** 1990- Polymorphisme, biogéographie et spécificité parasitaire des Trichogrammes européens (Hym. Trichogrammatidae). *Bull. Soc. Entomol. Fr.,* 95 : 17-38.

178. **PINTUREAU B.,** 1991- Sélection de deux caractères chez une espèce de Trichogrammes, efficacité parasitaire des souches obtenues (Hym. Trichogrammatidae). *Agronomie,* 11: 593-602.

179. **PINTUREAU B.,** 1993- Enzyme polymorphism in some African, American and Asiatic *Trichogramma* and *Trichogrammatoidea* species (Hymenoptera: Trichogrammatidae). *Biochemical Systematics and Ecology,* 21: 557-573.

180. **PINTUREAU B.,** 1998- Une extraordinaire biodiversité utile à la protection des plantes. In *Ecologie et Civilisation,* Ed. A. Pélosato, Naturellement, Pantin (France), 171-190.

181. **PINTUREAU B.,** 2006- Lutte biologique contre les organismes nuisibles à l'agriculture. *Futura Sciences (sur le Web)* 25/04/06, 14 p.

182. **PINTUREAU B.,** 2009a- *La lutte biologique et les Trichogrammes, Application au contrôle de la pyrale du maïs.* Ed. Le Manuscrit, 258 p.

183. **PINTUREAU B.,** 2009b- *Les espèces européennes de Trichogrammes.* Edit. In LibroVeritas, France, 96 p.

184. **PINTUREAU B. et DAUMAL J.** 1979- Les *Ectomyelois* de l'ancien monde (Lep. Pyralidae). *Bull. Soc. Entomol. Fr.,* 84 : 84-88.

185. **PINTUREAU B. et BABAULT M.,** 1988- Systématique des espèces africaines des genres *Trichogramma* Westwood et *Trichogrammatoidea* Girault (Hym. Trichogrammatidae). *Les colloques de l'INRA,* 43 : 97-120.

186. **PINTUREAU B., GRENIER S., MOURET H., SAUGE M.H., SAUPHANOR B., SFORZA R., TAILLIEZ P. et VOLKOFF A.N.,** 2009- La *lutte biologique, application aux arthropodes ravageurs et aux adventices.* Eclipses Editions Marketing S.A. Paris, 189 p.

187. **POINAR G.O. et THOMAS M., 1985**- Laboratory guide to insect pathogens and parasites, *Plenum Press, New York*, 329 p.

188. PURRINI, K., KOHRING, G. W., etSEGUINI, Z. 1988- Studies on a new disease in a natural population of migratory Locust, *Locusta migratoria sp.* Caused by an entomopox virus. *J. Invert. Pathol.* 51 : 281-283.

189. **QUEZEL P., 1963**- *La végétation au Sahara*. Edit. Masson et Cie, Paris, 33 p.

190. **QUICKE D. L. J., 1997**- *Parasitic wasps*. Ed. Chapman et Hall, London, 470 P.

191. **RAACHE A., 1990**- *Etude comparative des taux d'infestation de deux variétés de dattes (Deglet-Nour et Ghars) par la pyrale des dattes Ectomyelois ceratoniae Zeller (Lepidoptera-Pyralidae) dans deux biotopes différents (palmeraies moderne et traditionnelle) dans la région de Ouargla*. Mémoire Ing. Agro., ITAS, Ouargla, 85 p.

192. **RAYNAUD B. et CROUZET B.**, 1985- La lutte contre la pyrale par les trichogrammes. *Phytoma, Défense des cultures*, 366 : 17-18.

193. **REAL P., 1948**- Les *Myelois* parasites des dattes (Lepid., Phycitinae). *Path. Veg. Entom. Agric*. France, 1 : 59-64.

194. **REBOULET J.N., 1999**- *Les auxiliaires entomophages (Reconnaissance, méthodes d'observation, intérêt agronomique)*, ACTA, Paris, pp. 16-26.

195. **ROCHAT D., MALOSSE C., LETTERE M., DUCROT P.-H., ZAGATTI P., RENOU M. et DESCOINS C.**, 1991- Male-produced aggregation pheromone in the American palm weevil, *Rhynchophorus palmarum* (L.) (Coleoptera: Curculionidae): Collection, identification, electrophysiological activity and laboratory bioassay. *J. Chem. Ecol.* 17: 2127-2141.

196. **ROTH, 1963** Comparaison de méthodes de Capture en Écologie entomologique I), *Rev. Pafh. Vdg.et Enf. Agric., 42, 177-197.*

197. **ROUVILLOIS-BRIGOL M., 1975**- *Le pays d'Ouargla (Sahara algérien) : variations et organisation d'un espace rural en milieu désertique*. Publications du Département de géographie de l'Université de Paris-Sorbonne, 389 p.

198. **ROY M., BRODEUR J., et CLOUTIER C., 2002**- Rapport entre la température et le taux de développement de *Stethorus punctillum*

(Coléoptère : Coccinellidae) et sa proie *Tetranychus mcdanieli* (Acarina : Tétranychidae). *Entomologie environnementa*le, 31 : 177- 187.

199. SADINE S., **2004**- *Contribution à l'étude bioécologique de quelques espèces de scorpions : Androctonus australis, Androctonus amoreuxi, Buthacus arenicola, Buthus occitanus et Orthochirus innesi dans la wilaya de Ouargla.* Mem. Ing. Eco., Université de Ouargla, 99 p.

200. SAGGOU H., **2001**- *Relations entre les taux d'infestation par la pyrale des dattes Ectomyelois ceratoniae Zeller (Lepidoptera-Pyralidae) et différentes variétés de datte dans la région d'Ouargla.* Mémoire Ing. Agr., I.A.S., Ouargla, 70 p.

201. SAHRAOUI L., **1988**- *Inventaire des coccinelles entomophages (Coleoptera- Coccinellidae) dans la plaine de Mitidja et aperçu bioécologique des principales espèces rencontrées, en vue d'une meilleure appréciation de leur rôle entomophage en Algérie.* Thèse Doctorat, Université de Nice, France, 131 p.

202. SAHRAOUI L. et GOURREAU J.M. 1998- Les coccinelles d'Algérie : inventaire préliminaire et régime alimentaire (Coleoptera, Coccinellidae). *Bull. Soc. Entomol. Fr.*, 103 : 213-224.

203. SAKHRI A.K., **2000**- *Contribution à la connaissance de l'Apate monachus (Coleoptera-Bostrychidae) dans la région de Ouargla.* Mémoire Ing. Agr. I.A.S., Ouargla, 119 p.

204. SAVORIN M.J., **1930**- *Les territoires du sud de l'Algérie. Esquisse géologique et hydrologique.* Imprimerie algérienne, 65p.

205. SCHÖLLER M. et PROZELL S., 2001- The braconid wasp Habrobracon hebetor (Hymenoptera : Braconidae) : A natural enemy of moths infesting stored products. *Gesunde Pflanzen, Allemagne,* 3 : 82-89.

206. SELLIER R., 1959- Les insectes utiles : Biologie des insectes auxiliaires. Utilisation des insectes par l'homme. *Ed. Payot, Paris, 286 p.*

207. SELTZER P., 1946- Le climat de l'Algérie. Univ. d'Alger, IMPG Carbonnel, Alger.

208. SMIRNOFF W.A. 1951- Aperçu sur le développement de quelques cochenilles parasites des agrumes au Maroc. *Edition du Service de la défense des végétaux, Rabat, Maroc, 29 p.*

209. SMIRNOFF W.A. 1952- La cochenille blanche du palmier dattier dans les oasis du Maroc et le problème de sa répression. *Terre marocaine*, 273 : 306-308.

210. SMIRNOFF W.A. 1953- *Chrysopa vulgaris* SCHNEIDER, prédateur important de *Parlatoria blanchardi* TARG. dans les palmeraies d'Afrique du Nord. *Bul. Soci.Entomo. de France* 58 : 146-152.

211. SMIRNOFF W.A. 1954a- Entomologie générale : Influence des traitements anti-acridiens sur l'entomofaune de la vallée de Sous (Maroc). *Ed. AUPELF-UREF, John Libbey Eurotext, Paris, pp. 289-301.*

212. SMIRNOFF W.A. 1954b- La cochenille parasite du palmier dattier en Afrique du Nord. Dir. *Agr. et des forêts, service de la végétation, 42 p.*

213. SMIRNOFF W.A. 1957a- La cochenille du palmier dattier (*Parlatoria blanchardi* Targ.) en Afrique du Nord. Comportement, importance économique, prédateurs et lutte biologique. *Entomophaga*, 2 : 1-98.

214. SMIRNOFF, W.A. 1957b- La cochenille parasite du palmier dattier en Afrique du Nord. *Dir. Agr.et de Forêts, service de la végétation, 42 p.*

215. SNOUSSI M., 1989- *Approche bioécologique de Stethorus punctillum (Coleoptera - Coccinellidae) prédateur d'acariens.* Mémoire Ing. Etat, INA, Alger, 47 p.

216. STOCKEL, 1979- Utilisation agronomique des phéromones sexuelles des lépidoptères. *Séminaire sur les insectes et les acariens des denrées stockées du 5 au 11 mai, I.N.A. El Harrach, Alger, 21p.*

217. TABONE E., PINTUREAU, B., PIZZOL, J., MICHEL, F. et BARNAY O., 1999- Aptitude de 17 souches de Trichogrammes à parasiter la teigne des crucifères *Plutella xylostella* L. en laboratoire (Lep. : Yponomeutidae). *Ann. Soc.Ent. de Fr.* 35 : 427-433.

218. TOURNEUR et LECOUSTRE, 1975- Cycle de développement et tables de vie de *Parlatoria blanchardi* Targ. (Homoptera-Diaspididae) et de son prédateur exotique en Mauritanie, *Chilocorus bipustulatus* L. Var. iraniensis (Coleoptera-Coccinellidae). *Fruits, 7 : 481-497.*

219. TOUTAIN G., 1967- Le palmier dattier, culture et production. *Al-Awamia, 25 : 83-151.*

220. TOUTAIN G., 1972- Observations sur la reprise végétative du palmier dattier. *Al Awania, 43 : 81-94.*

221. TOUTAIN G., 1973- Le palmier dattier et sa fusariose vasculaire (Bayoud). *Coopération : D.R.A. Maroc et INRA. France, 179 p.*

222. TOUTAIN G., 1979- Eléments d'agronomie saharienne. De la recherche au développement. *INRAIGRET, Paris, 276 p.*

223. TOUTAIN G. et SAIDl M., 1973- Productions du palmier-dattier. Fructification du palmier-dattier dans son jeune âge. *Al-Awamia, 48 p.*

224. UHL N. et DRANSFIELD J., 1987- Genera Palmarum : a classification of palms based on the work of Harold E. Moore, Jr. The L.H. Bailey Hortorium and the International Palm Society. *Allen Press, Lawrence, Kansas, 610 p.*

225. VERLET B., 1974- *Le Sahara.* Collection Que sais je ? n°766. Editions Presses universitaires de France, 127 p.

226. VILARDEBO A., 1975- Enquête et diagnostic sur les problèmes phytosanitaires entomologiques dans les palmeraies du Sud-Est algérien. *Bull. Agr. Sahar.* 1 : 1-27.

227. VINCENT C., et CODERRE D., 1992- La lutte biologique. *Ed.Gaëan Morin, Quebec, 671p.*

228. WERTHEIMER M., 1958- Un des principaux parasites du palmier dattier : Le *Myelois decolor. Fruit*s, 13 : 109-128.

229. YOUMBAI F., 1994- *Contribution à l'étude de quelques paramètres écologiques d'Oligonychus afrasiaticus (Mc Gregor) (Acarina-Tétranychidae) et de son prédateur Stethorus punctillum (Weise) (Coleoptera-Coccinellidae) dans la palmeraie de l'INFSAS de Ouargla.* Mémoire Ing. Etat, INFSAS, Ouargla, 75 p.

230. ZENKHRI S., 1987- *Tentative d'une lutte biologique par l'utilisation de Pharoscymnus semiglobosus Karsch (Coleoptera-Coccinellidae) contre Parlatoria blanchardi Targ. (Homoptera – Diaspididae) dans la région de Ouargla.* Thèse Ing. Agr. Ouargla, 68 p.

231. ZOHARY D. et HOPF M., 1988- *Domestication of plants in the Old World: the origin and spread of cultivated plants in West Asia, Europe and the Nile Valley.* Clarendon Press, Oxford. Clarenton Press, 1988, p 249 .

232. ZOHARY D. et SPIEGEL-ROY P., 1975- Beginnings of fruit growing in the Old World. *Science, 187 : 319-327.*

233. ZOUIOUICHE Z., 1993- *Essais de lute biologique contre les méloidogynes (Nematoda, Meloidogynidae) sous serre.* Memoire Ing. Agr. I.N.A. El-Harrach, Alger, 95 p.

Zeitfracht Medien GmbH
Ferdinand-Jühlke-Straße 7
99095 Erfurt, Deutschland
produktsicherheit@kolibri360.de

Druck:
CPI Druckdienstleistungen GmbH
im Auftrag der
Zeitfracht Medien GmbH
Ein Unternehmen der Zeitfracht - Gruppe
Ferdinand-Jühlke-Str. 7
99095 Erfurt